Am Küchentisch

Den idealtypischen Modellbahner stellen sich viele so vor, dass er entweder im Keller oder im Dachboden seinen eigenen Hobbyraum hat, in den er sich zwecks Erholung und Modellbau zurückziehen kann. Für die anfallenden Bastelarbeiten steht dort eine Werkbank zur Verfügung und die einschlägigen Werkzeuge hängen fein säuberlich an der Wand darüber.

Bei den meisten realen Modellbahnern sind die Verhältnisse wahrscheinlich ein ganzes Stück anders. Es mag zwar den Modellbahnraum mit Bastelplatz geben, aber neben dem Bedürfnis nach Rückzug und Ruhe gibt es meist auch den Wunsch nach Kommunikation und Integration. Es spricht ja auch tatsächlich nichts dagegen, seine benötigten Bastelsachen auf einem Tablett zu versammeln und am Küchentisch oder auch beim Fernsehen im Wohnzimmer zu basteln.

Wichtig ist da nur, dass die Bastelobjekte klein genug sind oder sich gut genug in einzelne Bau- und Bearbeitungsgruppen zerlegen lassen. Ob man mit dem Pinsel arbeitet oder etwas Kleines feilt, ob man Hölzchen zusammenleimt oder Papier ausschneidet, spielte keine Rolle, als wir die Basteleien dieses Heftes zusammengestellt haben. Auch kann man akzeptieren, dass einzelne Bearbeitungsschritte zwischendrin eben doch besser an einer Werkbank erledigt werden, allein schon, weil man sonst die Küche unnötig verschmutzt. Ein Beispiel ist das Bohren in Metall mit einer Bohrmaschine im Ständer.

Auch das Lackieren mit Airbrush oder Sprühdose mag man nicht unbedingt in der Küche vornehmen, geschweige denn im Wohnzimmer. Für Ersteres verwendet man die Spritzbox, die man sich spätestens nach dem ersten danebengegangenen Sprühnebel gebaut hat. Für die Sprühdosen wiederum geht man in jedem Fall am besten ins Freie auf den Balkon, auf die Terrasse oder in den Hof.

Drei Gedanken leiteten die Auswahl der Basteleien: Gesucht war einerseits das Ungewöhnliche und Unerwartete. Es soll Mut machen, mit Phantasie Dinge zu wagen, die vielleicht auf den ersten Blick nicht vorbildgerecht sind. Hierzu gehören unter anderem der Dino-Transport, der Aussichtswagen und der Kalkkugelwagen. Zweitens sollten die vorgestellten Arbeitstechniken übertragbar sein. Zum Beispiel kann man mit der richtigen Bemaltechnik jede passende Miniatur in ein überzeugendes Denkmal verwandeln und auch die „Bewohner“ der Anlage, oft „Preiserleins“ genannt, gewinnen ungemein durch Farbe. Übertragbar sind z.B auch die Elektrobasteleien: Sie sind nicht an die hier verwendeten Modelle gebunden.

Der dritte Gedanke war, dass die Bastelergebnisse universell und nützlich sein sollten. Z.B. passen Sonnenschirme und Lampen auf jede Anlage und auch von Bäumen kann man kaum genug haben. Gleiches gilt für Ausstattungen neben dem Gleis oder einen getarnten Schienenreinigungswagen.

Ein Gedanke war allerdings noch wichtiger als die drei erwähnten: Spaß haben am Basteln, Spaß haben an der Modellbahn und dem Modelbau! Viel Erfolg!

Tobias Pütz

Winterbäume

Während die Gestaltung einer schneebedeckten Landschaft keine größeren Schwierigkeiten bereit hält, sieht es mit der winterlichen Vegetation ganz anders aus. Vor allem das kahle Geäst entblätterter Laubbäume bietet einige Herausforderungen.

Seite 80

Bayrische Signaltafeln

Neben Form- oder Lichtsignalen gibt es viele Tafeln oder Anzeiger, die dem Lokführer Hinweise auf die Strecke oder Anweisungen für seine Tätigkeit geben. Die deutschen Länderbahnen einigten sich Stück für Stück auf gemeinsame Zeichen. Bayern jedoch hielt bis in die Zeit der Gruppenverwaltung Bayern an eigenen Signalen und Signaltafeln fest..

Seite 18

Jurassic Transport

Leere Wagen wirken langweilig, weswegen das Geschäft mit Ladegütern boomt. Doch wieso immer nur Kisten und Turbinen transportieren? Auch ein Dinosaurier kann per Bahn verfrachtet werden. Korrekt verpackt und gesichert, wird er zum Modell-Highlight.

Seite 48

Nostalgiebahn mal anders

In den 1960er-Jahren gab es kaum eine Bundes- oder Landesgartenschau ohne Parkeisenbahn. Zum 50jährigen der Saarbrückener Parkbahn stellten die Firmen Veit Kornberger und Stadt im Modell den Zug in 1:87 vor. Da fühlt man sich gleich wieder jung und hat Lust, eine Parkszene für seine Anlage zu schaffen.

Seite 66

Sägewerk auf Allgäuer Art

Zu den beliebtesten Modellbahnmotiven abseits der Gleise gehören Sägemühlen. Entsprechend üppig ist das Angebot an Bausätzen. Wer jedoch regionalbezogen bauen will, stößt doch schnell an die Sortimentsgrenze. Benötigt wurde ein Sägewerk im Allgäuer Voralpenstil.

Seite 88

Zimmermanns Baustelle: Holzgebäude im Entstehen

Südtiroler Souvenir

Als Modellbahner sieht man immer wieder Gebäude, deren Nachbildungen man sich gerne auf die Anlage stellen möchte. Kitbashing oder Eigenbau ist dann gefragt. Doch was tun, wenn im „Bauwerk des Herzens“ das Dach die „Schokoladenseite“ verdeckt? Der Nachbau eines Gaststätten-Nebengebäudes liefert hier eine Lösung.

1

2

3

4

5

6

7

8

Oberhalb von Bozen liegt der Bergrücken „Lafenn“. Vom Neubau des Wirtshauses blieb allein ein unscheinbarer Holzbau verschont, liebevoll „Salettl“ genannt. Auf etwa drei Vierteln der Wandfläche verbrettert, auf einem Viertel offen, diente es wohl als Ausweich-Gaststube oder Ersatzterrasse bei schlechtem Wetter. Wann es errichtet wurde weiß keiner mehr so recht. Es kann hundert oder fünfzig Jahre her sein, jedenfalls stand das Salettl anscheinend „schon immer“ dort.

Das Interessante am Salettl offenbart sich erst auf den zweiten oder dritten

Bild 1: Das Vorbildfoto erlaubt den Vergleich mit dem Modellbild oben.

Bild 2: Kinder sind praktische Referenzgrößen für spätere Maßskizzen.

Bild 3: Das Grundgerüst des Modells entsteht aus 2-mm-Balsaholzleistchen.

Bild 4: Das Gerüst des „im Bau befindlichen“ Hauses ist fast fertig. Noch fehlen die Balkenenden vorne, der Boden und die Verkleidung.

Bild 5: Die vorspringenden Balken unter dem Dach wurden nur angeklebt und sind daher leicht schief. Verzapfen wäre mühevoller, aber exakt gewesen.

Bild 6: Der Boden ist verlegt.

Bild 7: Ein Balkenstapel aus echtem Holz wirkt besser als jede Kunststoffnachbildung.

Bild 8: Hier wurde nur die oberste Lage aus einzelnen Brettchen zusammengeklebt. Die übrigen sind an den Stirnseiten ausgefranste Platten.

Bild 9: Das Wirtshaus bekommt ein hölzernes Nebengebäude.

Bild 10: Während der Bauphase kann man gut die Konstruktion betrachten.

Bild 11: Die Bauzeichnungen des Lafenner Salettls für H0: Geschätzte Grundmaße: 8 x 5,6 m. Die Außenverkleidung ist schwarz gezeichnet, das Innengerüst rot und die Dachbalken sind grün. Es fehlen Dachlatten und innere Streben (siehe Modellfotos). Die Firsthöhe des Originals beträgt hinten gut 2,50 m. Wegen der Lage am Hang sind die Wandhöhen außen sehr unterschiedlich: hinten links ca. 150 cm, hinten rechts/Talseite links: ca. 180 cm, Talseite rechts vorne: ca. 220 cm. Die Zeichnungen sind aber für einen gleichmäßig nach hinten ansteigenden Hang ausgelegt!

Blick: die ausgefeilte Zimmermannsarbeit von Tragekonstruktion und Dachstuhl. Die Senkrecht-, Längs-, Quer- und Diagonalbalken sind meisterhaft ineinander gefügt. Kein Nagel, keine Schraube wurde verwendet, denn derlei Eisenwaren mussten früher mühsam per Pferd oder Maultier aus dem Tal herangeschafft werden. So halten einzig Holzzapfen die Balken zusammen. Allein die Verkleidungsbretter sind mit Nägeln fixiert. Außer den Dachziegeln ist Holz das einzige Baumaterial.

Im Modell lässt sich ein Holzbau wie dieser überraschend leicht realisieren. Was man benötigt, sind lediglich 2x2-mm-Profilhölzer und 0,5-mm-Holzplatten. Beides gibt es aus Balsa im Modellbauladen. Gearbeitet wird mit Laub-, Bügel- oder Böhler-Tischkreissäge und Bastelmesser. Wer eine Wand mit gleichmäßigen Brettbreiten nachbilden möchte (was beim Salettl nicht der Fall ist), erleichtert sich die Arbeit durch Northeastern-Platten mit vorgefrästen Fugen. Zum Kleben eignet sich Weißleim, falls das Holz gestrichen oder gebeizt wird, wasserfester.

Der erste Arbeitsschritt ist, maßstäbliche Skizzen der Konstruktion anzufertigen. Am Computer ist das ziemlich bequem, da sich gleiche Teile einfach kopieren und Maße exakt bemessen lassen. Natürlich sind jetzt gleich etwaige Abweichungen vom Original mit einzubeziehen. Beim Salettl betraf dies nur die Verkleidung der Rückseite und des gemauerten Sockels.

Im nächsten Arbeitsschritt entsteht das Grundgerüst. Als einfachstes Hilfsmittel empfiehlt sich ein Ausdruck bzw. eine Kopie der Risszeichnungen. Man muss die 2-mm-Balken lediglich drauflegen und entsprechend zusägen oder -schneiden. Auch die Gehrungen und Einschnitte ergeben sich aus den Zeichnungen von selbst. Wo sich Balken kreuzen, werden sie geklebt. In Grenzen ist auch die Verzapfung des Originals nachbildbar. Eine kleine Schlüsselfeile schafft die nötigen Einkerbungen (jeweils ca. 1 mm tief).

Für die übrigen Balken sind feinere Profile als 2 x 2 mm nötig. Im Original schwankt ihre Stärke etwa zwischen 10 und 15 cm. Wer keine passenden Profile auftreiben kann, schneidet sie aus 1-mm-Balsaholzplatten. Auch diese Quer- und Diagonalstreben wurden mit Hilfe von Ausdrucken zugeschnitten, eingepasst und -geklebt. Den Boden bildet eine Platte aus 1-mm-Balsaholz, in die die Bretterfugen mit einem harten Bleistift und der Hilfe eines Geodreiecks geritzt wurden.

Die nächsten Schritte zum Modell wären das Verkleiden der Außenwand und der Bau des Daches. Beides ist im Prinzip völlig problemlos, doch ist dann die interessante Holzkonstruktion nicht mehr zu sehen – und gerade sie macht ja den Reiz des Bauwerks aus.

Den Ausweg bildet das Motiv „Salettl im Bau“. Da die Anlage, für die das Salettl vorgesehen war, um 1930 angesiedelt ist, könnte dies sogar vorbildgerecht sein. Zwei Dachbalken wurden eingebaut dargestellt (wie beim Original an den Auflagestellen eingekerbt). Das vordere Viertel bekam eine Bretter- und Leistenverkleidung. Schließlich sollte das Vorbild ja noch erkennbar sein. Als Basis dient ein Fundament aus Hartschaum-Mauerplatte von Noch. Den Mesnerwirt vom Lafenn ersetz das Modell eines zur Gaststätte umgewidmeten ländlichen Fachwerkhauses von Ermo (Art.-Nr. 1014).

Als Arbeiter eignen sich die bekannten Preiser-Zimmerleute 10376. Ob man vor 75 Jahren die Kluft mit Schlaghosen und breitkrempigem Hut auch während der Arbeit getragen hat? Die Frage ist indes müßig, gibt es doch eh keine einigermaßen epochengerechte Alternative.

Als Ausstattung dienen die erwähnten Bretter- und Balkenstapel, feines Sägemehl aus Eigenproduktion, hölzerne(!) Biertragl und Bierflaschen aus der Preiser-Packung 17105 sowie eine Gerätekiste und eine Axt aus Preisers 17175. Die Packungen „Maler“ 10477 und 10478 steuern einen (umzulackierenden) Arbeiter sowie Leitern bei. ◂

10

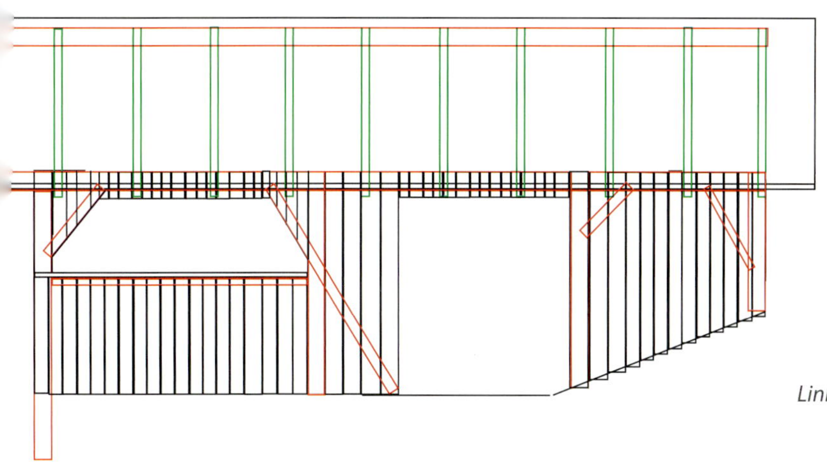

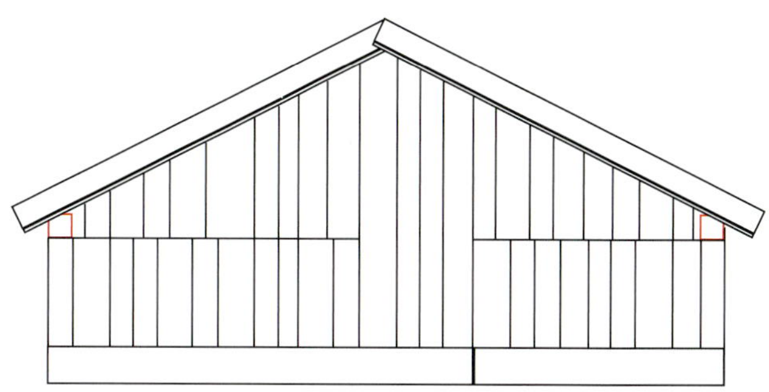

Links Wirtshausseite, oben Rückseite, unten Tal- und Vorderseite

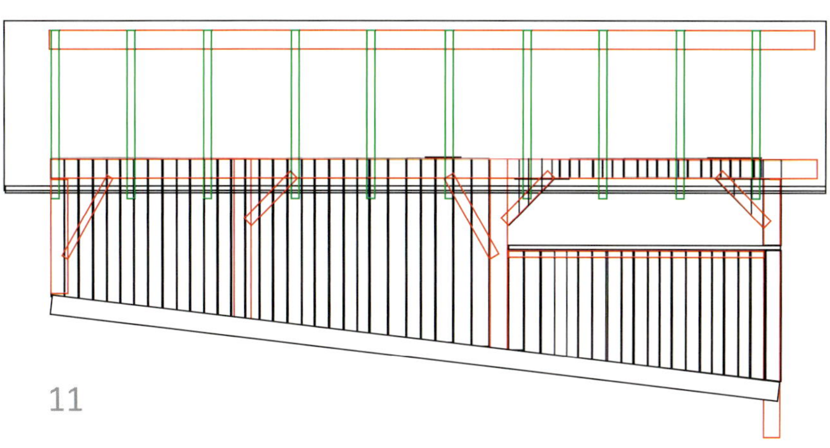

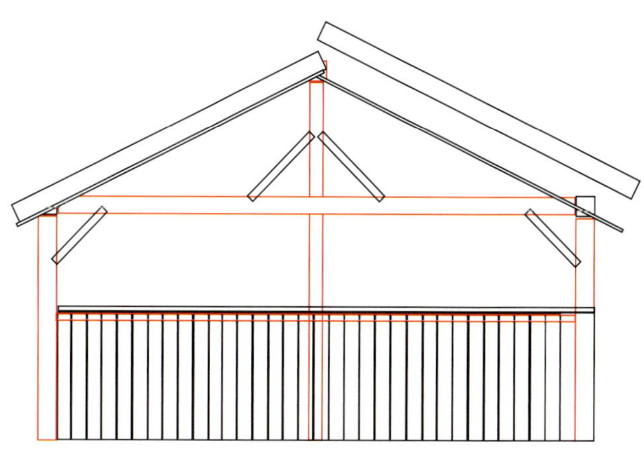

11

Straßenfahrzeuge nachlackieren

Traktor-Tuning

Während sich das Patinieren von Lokomotiven, Wagen und Gebäuden immer mehr durchsetzt, gelangen Lastwagen, Pkws und andere Straßenfahrzeuge meist direkt von der Packung auf die Anlage. Dabei könnte man bei ihnen mit Farbe ebenso viel „herausholen", wie bei einem Haus- oder Wagenmodell.

Farben spielen eine entscheidende Rolle für den Gesamteindruck einer Anlage oder eines Modells – mehr als ausgefeilte Details. So kann der falsche Glanzgrad das schönste Modell „verhunzen". Man stelle sich nur ein Kleinserienmodell vor, von Weinert etwa, das hochglänzend oder stumpf-matt lackiert wurde, anstatt seidenmatt. Gleiches gilt für die meisten Gebäudebausätze. Hier dominiert viel zu oft das blanke Plastik.

Gleiches gilt für Straßenfahrzeuge. Auch hier sieht man allzu häufig unbehandelte „Plastikklötze" statt realitätsnah gefärbter Kfz-Modelle auf den Modellstraßen. Zudem eignet sich Farbe bestens, um betagten Schätzchen eine zweite Jugend zu bescheren. Ein Beispiel an Hand von schon seit Jahren unverändert angebotenen Wiking-Traktoren – ein jeder kennt diese Fahrzeuge – belegt dies.

Um aus einem Plastik-Trecker ein Traktormodell zu machen, benötigt man keine Airbrushanlage, sondern lediglich gute Pinsel und die passenden Farben. Diese kann man z.B. auf einem Glasdeckel mischen. Um die Luft von Staubpartikeln zu reinigen, sprüht man von möglichst weit oben mit einem Zerstäuber Wasser in die Luft. Die feinen Tropfen sammeln feinen Staub aus der Luft auf, diese wird sauberer. Man kann aber auch warten, bis es lange regnet, und dann auf dem Balkon arbeiten.

Zunächst werden die zu bearbeitenden Modelle so weit wie möglich demontiert: Felgen von Reifen und Achsen trennen, den Fahrer aus dem Sitz hebeln. Die Teile legt man am besten auf ein leicht haftendes Klebeband, dessen Rückseite auf einer Holzleiste befestigt ist (Reißnägel oder Klebestreifen).

So lassen sich Felgen lackieren und Reifen mattieren. Die Wahl der Farben für Fahrgestell und Aufbauten ist relativ frei. Zwar hatten alle Hersteller der Originale ihre Standard-Töne, doch hat sicher so mancher Traktor irgendwann einmal einen Neuanstrich bekommen. Der Einfachheit halber orientiere man sich an den Vorgaben des Modells.

Ist die Farbe zu dick, wird sie verdünnt, sollte aber deckend bleiben. Dann geht es los. Eventuelle Staubeinschlüsse entfernt man sofort mit dem Pinsel und streift sie an einem Leder oder Schwamm ab. So wird das Modell komplett in einer Farbe bemalt. Ist alles trocken, also frühestens am nächsten Tag, kommt die nächste Farbe dran. Nun muss man aber schon genauer arbeiten, vor allem an Übergangsstellen. Nach einem weiteren Tag Trocknungszeit lassen sich mit einem Silberstift und ruhiger Hand Zierleisten sowie Griffe hervorheben.

Ist das Modellchen völlig durchgetrocknet, kann man es wieder zusammenbauen. Nun ist die Patinierung an der Reihe. Diese richtet sich vor allem nach dem Einsatzzweck und -ort eines Fahrzeugs: Ein im Acker werkelnder Trecker ist anders zu bearbeiten als ein gepflegter Oldtimer oder der Schlepper einer Spedition. Verwendet man Wasserfarben (mit einem Schuss Spülmittel im Mischwasser), lässt sich der Dreck wieder abwaschen, wenn es nötig wird. Bei dieser Gelegenheit wird

Wer so wie ich gerne rangiert, den wird es sicher stören, dass Ladegüter aus Modellwagen oft schlecht zu entfernen sind. Dies ist vor allem bei Hoch- und Mittelbordern der Fall. Voll an die Rampe rangierte Wagen müssen deswegen auch voll wieder abgeholt werden – ein nicht gerade befriedigender Zustand. Ich habe mir daher aus 0,5-mm-Stahldraht einen Heber gebastelt. Er eignet sich für Kohlen-, Kartoffeln-, Rüben- und ähnliche Ladungen sowie für Holzladungen ohne Kranzbildung auf durchgehendem Unterbau in O- oder Om-Wagen. ◄

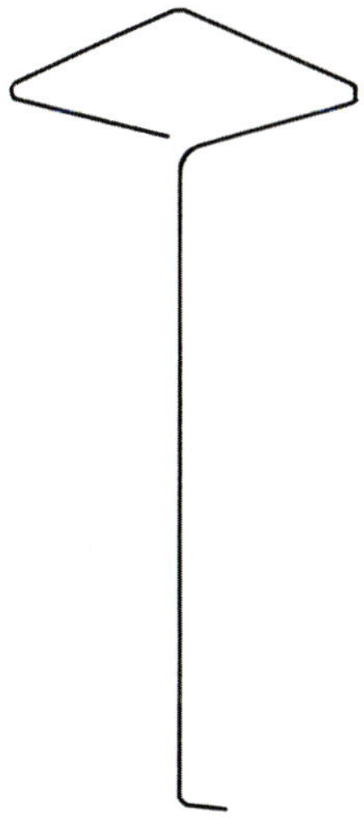

1

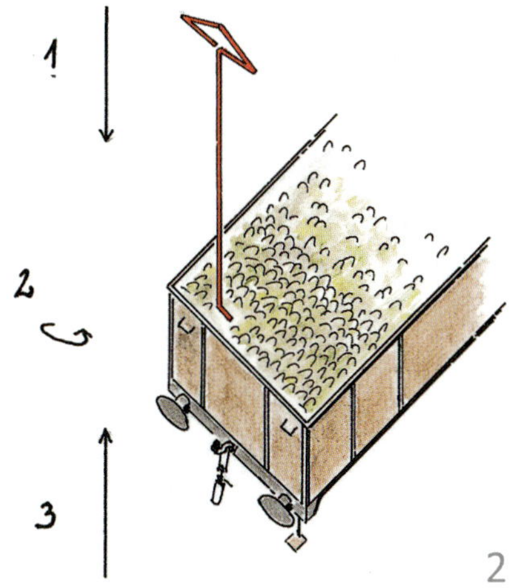

2

Bild 1: Der Ladungsheber in 1:1. Um Kratzer zu vermeiden, schleift man die Spitze rund!

Bild 2: Die Funktionsskizze zum Ladungsheber

Ladungsheber für Rangierfans

Wechsel Dich

Wer gerne rangiert, hat sich meist für seine offenen Güterwagen herausnehmbare Einsätze mit Ladegut gebastelt. So sind die Wagen vorbildgerecht mal voll, mal leer unterwegs. Der Ladungsheber hilft, die Abläufe zu vereinfachen.

Bild 1: Ein älteres Traktormodell nach der farblichen Überarbeitung

Bild 2: Auch dieser Traktor ist mit Farbe aufgewertet worden.

Bild 3: Dies ist das Ausgangsmodell für den Traktor in Bild 1.

Bild 4: Man beachte – ebenso wie auf den Bildern 1 und 2 – auch die detaillierte Gestaltung der Fahrer.

gleich der lenkende Bauer neu eingekleidet, sprich: mitangestrichen. Für alle, die sich an Details erfreuen, ein Tipp: Mit fein gespitzten Bunt- und Bleistiften lassen sich Knöpfe, Mund oder Augenbrauen andeuten.

Auf diese Weise erhält man nach der Montage einen Traktor, der nicht mehr wie ein bunter Hund in der Landschaft herumsteht, sondern schön detailliert und betriebsverschmutzt wirkt. Da jeder Arbeitsschritt relativ kurz ist, dafür die Trocknungsintervalle lang, lohnt es sich, mehrere Modelle gleichzeitig zu behandeln. ◄

4

Bild 1: Trennstelle mit den nach oben gebogenen Enden der Messingrohre

Bild 2: Eine fertige Partie der selbst konstruierten Oberleitung im Schattenbahnhof

Tunneloberleitung aus dem Baumarkt

Unter Draht

Digital hin, digital her – der Betrieb einer Modell-Ellok unter einer echten Oberleitung kann eine Menge Spaß machen, ist doch die funktionierende Stromzuführung eine kleine Herausforderung, die auch im Tunnel gelöst werden muss.

In der digitalisierten Modellbahnwelt spielt eine funktionsfähige Oberleitung keine Rolle mehr. Anders bei analog betriebenen oder teildigitalisierten Anlagen, egal ob im Gleich- oder Wechselstromsystem. Tunnels und Schattenbahnhöfe benötigen hier eine spezielle Oberleitungskonstruktion, die besonders stabil und funktionssicher sein muss. Schön, wenn sie dann auch noch sehr kostengünstig herzustellen ist. Das vorgestellte System bietet alle drei Eigenschaften.

Seit vielen Jahren habe ich eine solche Selbstbauvariante im Einsatz, die nun im Rahmen des Schattenbahnhofbaus erneut zur Anwendung kam. Zwar sind auch im Zubehörhandel Produkte für eine Tunneloberleitung erhältlich, doch sind diese teurer und bieten auch nicht den Bastelspaß.

Das Grundprinzip der Selbstbaulösung ist einfach: Basis sind 8 mm starke Rundstäbe aus Buchenholz und 2-mm-Messingrohre. Die Rundstäbe werden entsprechend der Höhe des Gleisunterbaus bzw. des verwendeten Gleismaterials in ca. 11 cm lange Stücke gesägt und ca. 2 cm vom oberen Ende entfernt mit einem 2-mm-Bohrer durchbohrt. Der Rundstab wird dann senkrecht in der Anlagenplatte (8 mm im Durchmesser, 1 cm tief vorbohren) mit Ponal oder einem ähnlichen Klebstoff verankert. In die 2 mm starken Bohrungen werden kurze Stücke des Messingrohrs gesteckt, die so lang sind, dass sie einerseits an der Rückseite des Masts 1 cm weit vorstehen, andererseits das Gleis weit genug überspannen, um einen Lokomotivstromabnehmer sicher führen zu können. Bei einem geraden Gleis reichen pro Meter Messingrohr (Oberleitung) drei Stützmasten vollkommen aus.

Zum Abtrennen der Fahrdrahtstücke verwende ich eine Minibohrmaschine mit einer kleinen Trennscheibe (Schutzbrille tragen!). Die Enden der geschnittenen 2-mm-Rohrstücke werden jeweils entgratet und etwas befeilt.

Im nächsten Schritt wird die eigentliche Fahrleitung an die Ausleger angelötet. Besonders leicht geht dies mit einer elektrischen Lötpistole, die genug Leistung an der Spitze liefert (75 – 100 W). Das Messingmaterial ist vorher zu entfetten. Wichtig ist, dass die Lötstelle warm genug ist und nicht zu viel Lötzinn verwendet wird, da dieses eventuell an die Unterseite der Fahrleitung fließt und später wieder mühsam entfernt werden müsste. Unterlässt man dies, besteht die Gefahr, dass die Stromabnehmer durch Unebenheiten beschädigt werden.

Bevor der eigentliche Lötvorgang beginnt, setze ich zur sauberen Höhen- und Seitenausrichtung des Fahrdrahts eine ältere Ellok als „Lehre" auf die Schienen. Sie dient auch zur Vorjustierung der anzulötenden Rohre. Das eigentliche Festhalten („dritte Hand") erfolgt durch kleine Schwämme, die zwischen Gleis und Fahrdraht geklemmt werden. Sie bieten ausreichend Halt und fixieren die zu verbindenden Teile bis zum Erkalten der Lötstelle. Dadurch, dass die Seitenausleger bisher nur in die Holzmasten gesteckt waren, kann man sie bis zum Schluss seitlich justieren. Erst danach wird der Ausleger mit einem Tropfen Klebstoff fixiert. Die jeweiligen Enden der Fahrdrähte (an den Verbindungsstellen zum nächsten Messingrohr) werden leicht

Bild 3. Flexibel lassen sich die Messingrohre dem Gleisverlauf anpassen.

Bild 4: Eine ältere Lok dient als Justierhilfe, Schwämme stützen das Oberleitungsrohr.

Bild 5: Das benötigte Material mit Werkzeugen

nach oben gebogen, um einen sicheren und glatten Übergang von einem Fahrdrahtstück zum anderen zu gewährleisten. In ähnlicher Weise verfährt man bei der Verdrahtung mehrgleisiger Strecken oder im Bereich von Kreuzungen oder Weichen. Trennstellen lassen sich ebenfalls einfach herstellen. Dazu ist lediglich ein weiterer Mast an der zu trennenden Stelle erforderlich. Zwei Fahrleitungsstücke überlappen sich im Abstand von 3 mm parallel etwa 2 cm und werden an den Enden wieder etwas nach oben gebogen. Das Material ist in den meisten Baumärkten erhältlich und kostet etwa 1 Euro pro laufenden Meter. ◂

Kopfsteinpflaster und Mauern

Serienfertigung

Wer vorbildgerechte Mauern oder Pflasterstraßen gestalten will, kommt an Gussformen kaum vorbei.

Gussformen oder auch professionelle Abgüsse kann man fertig kaufen. Mit etwas Geschick lässt sich Gleiches jedoch auch selbst bauen – individuell und zu sehr viel niedrigeren Kosten. Grundlage ist selbsttrocknende Knetmasse. Hier zum Einsatz kam „DAS pronto". Für die Negativform eines Straßenstücks wird als Erstes auf einer Holzplatte ein etwa 12 x 8 cm großes und 3 mm starkes Rechteck ausgewalzt. Dann prägt man mit der Rückseite eines Streichholzes Reihe für Reihe die etwa 2x2 mm großen Pflastersteine ein. Sie werden mit kleinen Zwischenräumen immer um eine halbe Steinbreite gegeneinander versetzt. Am Straßenrand bilden drei aneinander geprägte Steine die länglichen Kantsteine. Diese Form lässt man so lange trocknen, bis sie hart ist – also etwa einen Tag.

Dann streicht man sie mit einer ebenso großen und starken Schicht des gleichen Materials ein, drückt diese an und streicht überflüssige Masse an den Rändern ab. Anschließend wird die Schicht sofort wieder vom Negativ gezogen. Nun können die noch weichen Platten bereits mit Weißleim auf Wellpappe oder Ähnliches geklebt werden. Nach wieder einem Tag Trockenzeit werden Lücken an den Stoßkanten oder kleine Risse in den Platten mit der Knetmasse zugespachtelt. Mauern entstehen nach derselben Methode, gegebenenfalls mit einem entsprechend zugeschnittenen Holzstichel. Zum Kolorieren genügt es im Wesentlichen, die Straße hellgrau zu grundieren und dunkelgrau zu überpinseln. Das Dunkelgrau wischt man sofort wieder mit einem Lappen ab, sodass es nur in den Fugen übrig bleibt. ◂

Bild 1: Das Prägeschema einer Pflasterstraße, etwa 1:1

Bild 2: . Die Negativform und ein fertiges Straßenstück

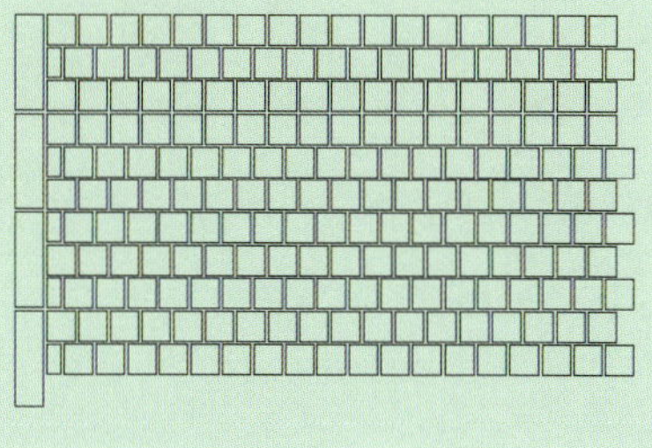

Ungewöhnliche Technologie des Gebäudebaus

Modellbau zwischen Computer und Basteltisch

Nicht Sperrholz und Dispersionsfarben kommen zum Einsatz, sondern Leichtbauplatten und Computerausdrucke

Auf der Suche nach einem geeigneten Empfangsgebäude für meine „Groß Frankewitzer Eisenbahn", die einen preußischen Nebenbahn-Endpunkt zum Thema hat, entdeckte ich im Buch „Die Brandenburgische Städtebahn" von Walter Menzel ein typisch preußisches Empfangsgebäude. Es ist so klein, dass man es modellbahnmäßig gut umsetzen kann. Gleichzeitig ist es repräsentativ genug, um den „Hauptbahnhof" einer Privatbahn glaubhaft darzustellen.

Das Empfangsgebäude steht noch heute in fast unveränderter Form in Belzig. Dort ist es als Seitengebäude parallel zu den Gleisen angeordnet. Bei mir bildet eine Drehscheibe den Abschluss des Kopfbahnhofs und so sollte das Gebäude auf meiner Anlage an der Stirnseite stehen. Aber auch hier kam mir das Vorbild „Brandenburgische Städtebahn" zu Hilfe. In Niemegk, Treuenbrietzen und Neustadt (Dosse) stehen sehr ähnliche Empfangsgebäude und das letztgenannte ist am Ende des Kopfbahnsteigs angeordnet, genau so, wie es bei mir geplant war.

Bei einem Besuch der Brandenburgischen Städtebahn Ende der 1980er Jahre wurde beim „Uffsichta" (Aufsicht in Berlin-brandenburgischer Mundart) die Erlaubnis eingeholt, dem Gebäude mit Zollstock und Fotoapparat eine zeitlang zu Leibe zu rücken.

Bei der damals schon etwas unbürokratischen Deutschen Reichsbahn kein Problem. Zwar erschien im späteren Verlauf die allgegenwärtige Transportpolizei und erkundigte sich nach meinem „verdächtigen Tun", aber ein kurzes Gespräch zusammen mit dem freundlichen Aufsichtsbeamten klärte sofort die Situation auf und ich durfte weiter spionieren. So wurden die Maße für die Umsetzung im Modell also direkt am Originalgebäude abgenommen.

Bild 1: Das Empfangsgebäude in Belzig Ende der 1980er Jahre

Bild 2: Das Foto vom Vorbild weist stürzende Linien und störende Details auf.

Bild 3: Nach der Bildbearbeitung sind die Linien geradegerückt und alle Elemente entfernt, die nicht zu 1900 passen.

Zunächst plante ich das Gebäude im Modell aus Polystyrolplatten zu bauen. Also wurden Zeichnungen mit einem CAD-Programm erstellt. Nachdem ich dieses Vorhaben einige Jahre vor mir hergeschoben hatte, kam mir eines Tages beim Betrachten der vielen Detailfotos die Idee, daraus eine Art Ausschneidebogen zu machen.

Eine der Aufgaben bestand darin, eine einheitliche Farbgebung und Struktur zu erhalten, damit die Schnittbögen nachher keine drastischen Farbunterschiede aufwiesen. Außerdem musste ich moderne DR-Zutaten beseitigen, denn mein Empfangsgebäude steht ja schließlich im Preußen zu Beginn des vergangenen Jahrhunderts.

Das von mir verwendete Grafikprogramm Paint Shop Pro (es geht natürlich auch jede andere hochwertige Bildverarbeitung) verfügt über viele nützliche Funktionen, womit man Bilder drehen, stauchen, verformen und korrigieren kann. Eine dieser Funktionen half mir, die stürzenden Linien der Originalfotos auszugleichen.

Verschiedene Fenster und Türen, die im Laufe der Jahrzehnte umgebaut wurden, mussten für meine Zwecke wieder in den alten Zustand zurückversetzt werden. So entstanden nach und nach für die Modellbahn verwendbare fotorealistische Montagen aus den Bildern, die ich vor mehr als zehn Jahren in Belzig gemacht hatte.

Nun galt es noch, die Maße des Originals auf den Modellbahnmaßstab umzurechnen und die Dateien in den entsprechenden Druck-Dimensionen abzuspeichern. Nachdem diese Vorarbeit abgeschlossen war, sollte der Bau auch gar nicht mehr auf die lange Bank geschoben werden und ich ging frisch ans Werk.

Die Schnittbögen wurden auf Hochglanz-Fotopapier gedruckt und danach

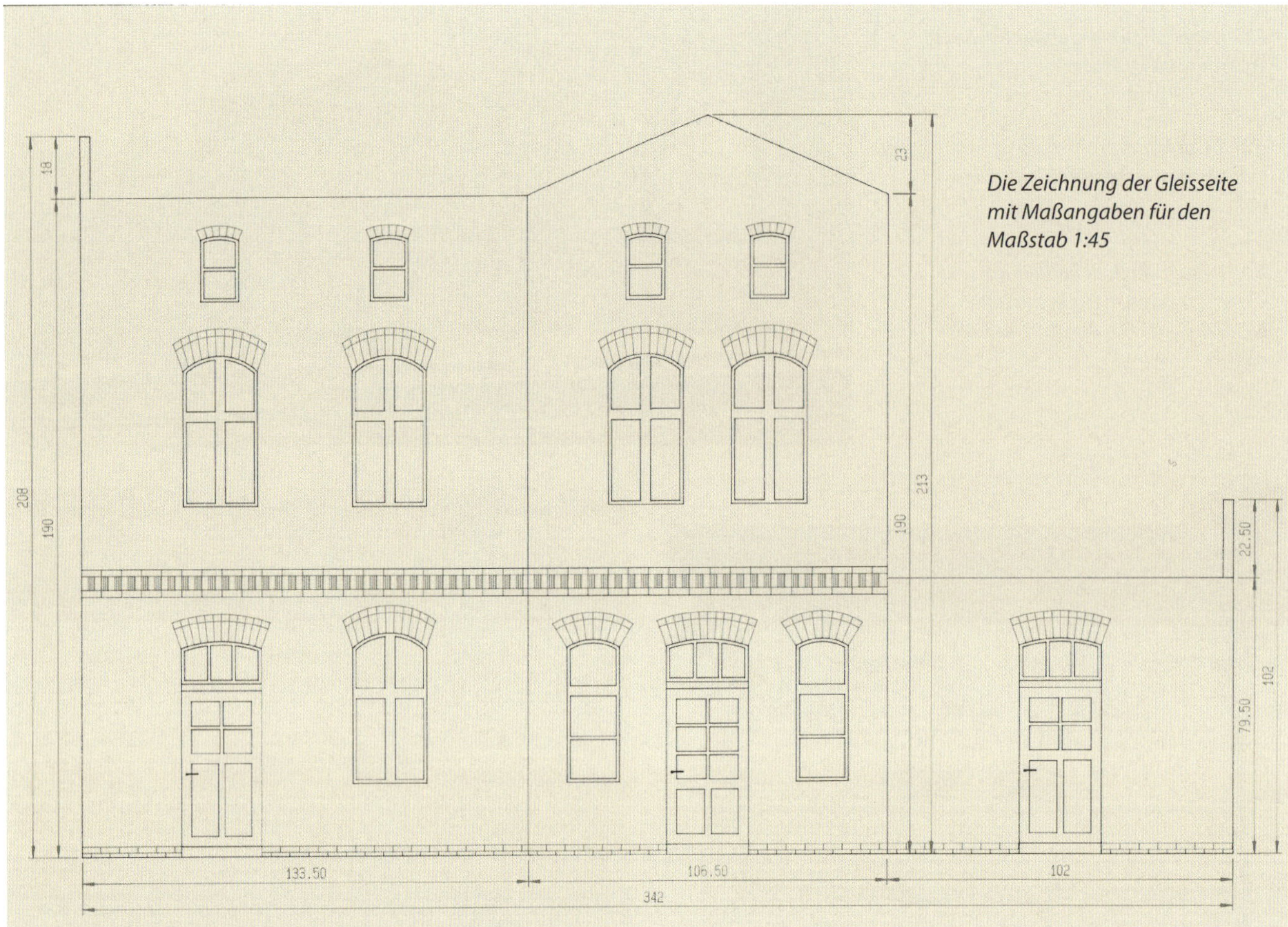

Die Zeichnung der Gleisseite mit Maßangaben für den Maßstab 1:45

mit mattem Klarlack überlackiert. Dies ist zwar eine relativ aufwendige Methode, aber der Ausdruck auf mattem Inkjetpapier (Kopiererpapier) ist mir nicht brillant genug und auf seidenmattem Fotopapier wird er, bedingt durch die Oberflächenbeschaffenheit, leicht unscharf. Beides wollte ich vermeiden.

Nach dem Ausdruck musste zunächst ein Gebäudekern erstellt werden. Die Maße für das Modell wurden direkt von meinen Zeichnungen abgenommen und auf 4-mm-Schaumkarton (z.B. Depafit) übertragen. Für einen einfachen Start begann ich mit dem kleinen Anbau des Warteraums.

Ein paar präzise Schnitte später waren die hierfür benötigten Teile fertig. Zur Verstärkung und einfachen Erreichung der Rechtwinkligkeit wurde zusätzlich eine Bodenplatte erstellt. Die wenigen Teile waren schnell zusammengeklebt. Zu erwähnen wäre vielleicht noch, dass die Verwendung von lösungsmittelfreiem Klebstoff zu empfehlen ist, da sich bei Kleben mit Lösungsmitteln der Schaumstoff zwischen den Kartonwänden auflösen kann.

Modellkern bekleben

Nun war es an der Zeit, die gut durchgetrockneten Ausdrucke auszuschneiden. Und dann war es so weit – die ersten Schnittbögen konnten mit Sprühkleber aufgeklebt werden. Jetzt sollte sich zeigen, ob meine Vorarbeiten korrekt waren. Ich hatte bei den Giebelwänden eine zusätzliche seitliche Umlappung vorgesehen, damit keine eventuell auftretenden unschönen Spalten an den Ecken zu sehen waren. Die Seitenwände wurden einfach darüber geklebt. Alles passte zu meiner Zufriedenheit und sah gut aus. Die Arbeit hatte sich gelohnt!

Nach diesem gelungenen Start wurde der Rest des Gebäudes in gleicher Bauweise zu Ende gebaut. Das Dach wurde aus Polystyrolplatten gefertigt, die mit 600er-Schmirgelpapier beklebt wurden. Schornstein, Regenrinnen und -fallrohre sind aus der Restekiste und sollten bei jedem „guten" Bastler vorhanden sein. Die nach vorne heraustretenden Dachsparren kann man aus Evergreen-Polystyrol-Profilen schnitzen. Die schöne alte preußische Uhr entstand aus einem Bausatz von „Pitter's Pappkisten".

Mit dem Ergebnis bin ich sehr zufrieden. Das fertige Gebäude sieht verblüffend realistisch aus und hat bereits auf einigen Ausstellungen Bewunderung gefunden. Sogar neben dem in „echter Modellbaumanier" aus Polystyrol und Holz gebauten WC-Häuschen kann es durchaus bestehen. Der Unterschied ist mit einigem Abstand auf den ersten Blick kaum zu erkennen. An Hand der Abbildungen kann sich jeder sein eigenes Urteil bilden, wie vorbildgerecht das Gebäudemodell ausgefallen ist.

Fazit: Spaß hat es auf jeden Fall gemacht und ich habe für mich eine neue Modellbautechnologie entdeckt, die preiswert ist und ein durchaus realistisches Ergebnis hervorbringt. ◂

4

5

Bild 4: Anbauteile wie Dachsparren, Uhr und Fallrohre lockern das Gesamtbild auf.

Bild 5: Die Ausdrucke der vier Risszeichnungen und aller Fassadenteile werden zurechtgelegt und mit Lineal, Cutter und Skalpell geht es dann an die Fertigung der Bauteile.

Bild 6: Auf einem Depafit-Abschnitt sind die Wandteile des Anbaus an Hand von Schablonen aufgezeichnet.

6

7

8

9

Bild 7: Eine Arbeitsunterlage hilft beim Ausschneiden und schützt den Untergrund. Hier werden erst Schablonen und dann Depafit-Teile gefertigt.

Bild 8: Es folgt der Zuschnitt der Computerausdrucke aus dem festen und hochglänzenden Spezialpapier.

Bild 9: Mit Sprühkleber werden die Ausdrucke auf der Rückseite übernebelt und dann auf den zusammengesetzten Grundkörper gedrückt.

Bild 10: Das Dach wird mit Schleifpapier bedeckt, dann imitiert man die Teerlagen der Bahnüberstände.

10

Ausgestaltung nach süddeutschen Motiven

Bayrische Signaltafeln

Neben Form- oder Lichtsignalen gibt es viele Tafeln oder Anzeiger, die dem Lokführer Hinweise auf die Strecke oder Anweisungen für seine Tätigkeit geben. Die deutschen Länderbahnen einigten sich Stück für Stück auf gemeinsame Zeichen. Bayern jedoch hielt bis in die Zeit der Gruppenverwaltung Bayern an eigenen Signalen und Signaltafeln fest.

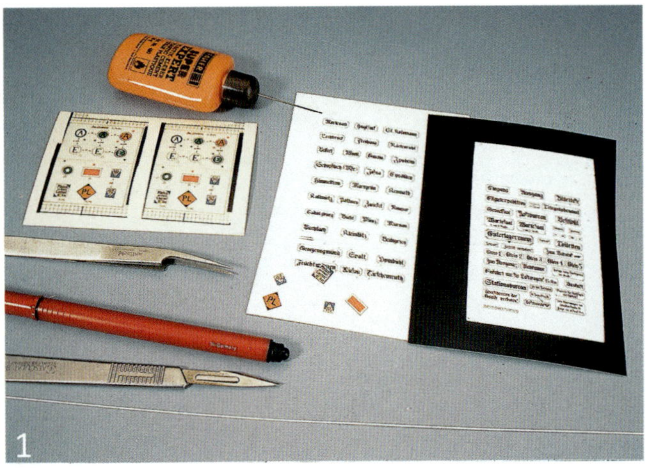

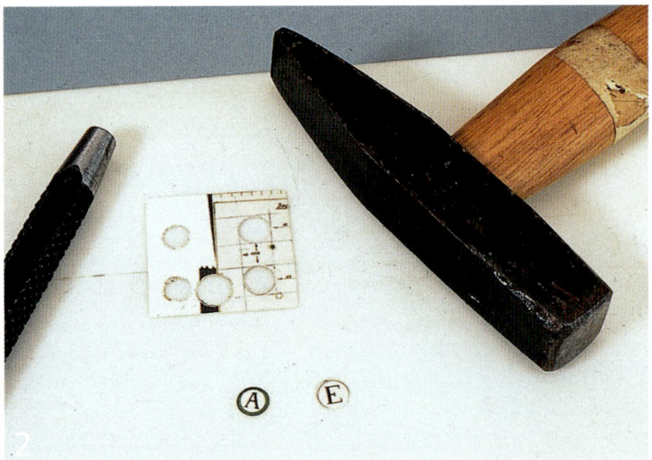

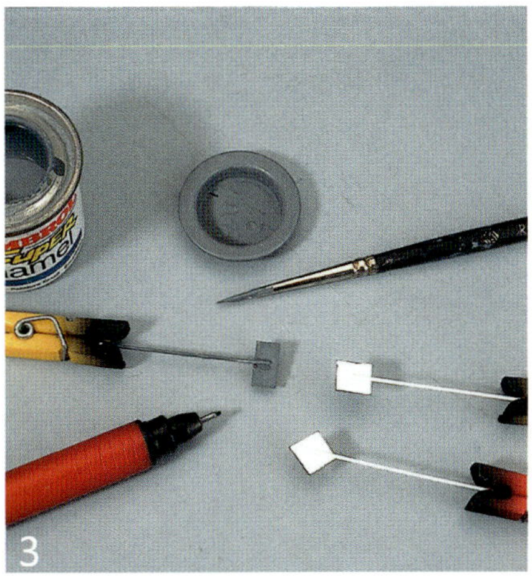

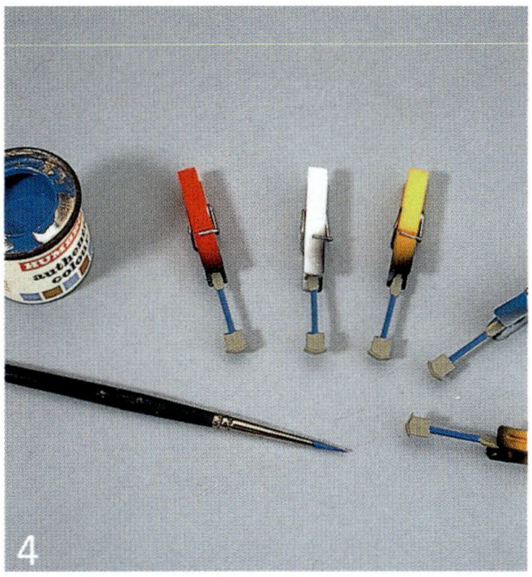

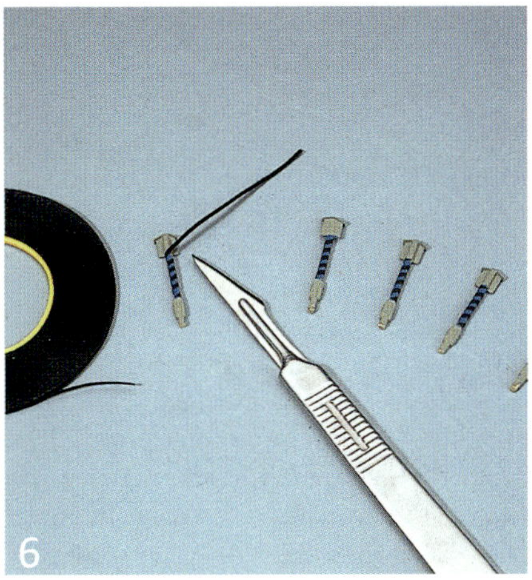

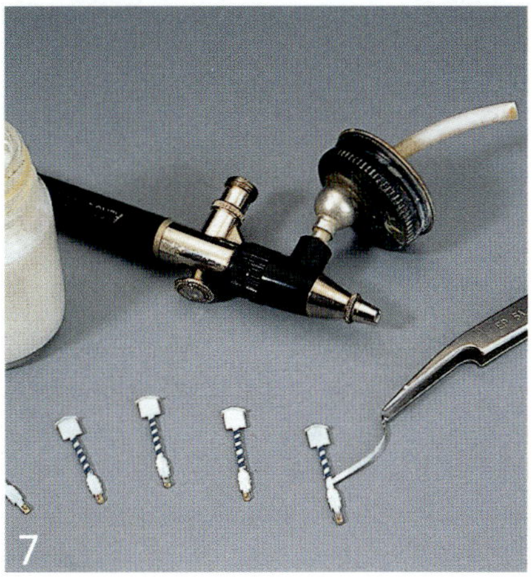

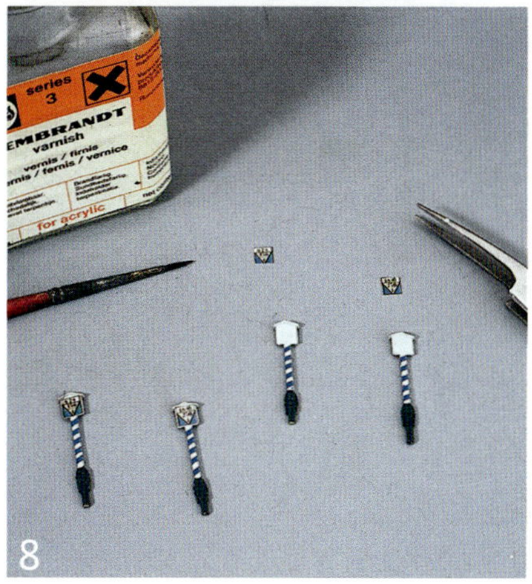

Bild 1: Der Signaltafelsatz Nr. 1605 von Modellbau Reitz sowie ein Satz Bahnhofsschilder

Bild 2: Runde Signaltafeln kann man mit einem Locheisen sauber ausstanzen.

Bild 3: Mit einem schwarzen Stift werden die Schneidekanten der Signaltafeln nachgezogen.

Bild 4: Die grundierten Neigungsanzeiger werden blau angemalt.

Bild 5: Eine Anfangstafel der späten Bauform (Gruppenverwaltung Bayern)

Bild 6: Ist die blaue Farbe trocken, werden die Pfosten mit 1 mm breiten Abdeckbandstreifen umwickelt.

Bild 7: Jetzt werden die Neigungsanzeiger mit Weiß überlackiert.

Bild 8: Zieht man das Klebeband nach dem Trocknen der weißen Farbe ab, ergibt sich ein sauberes Ringelmuster.

In H0 bietet die Firma Reitz Modellbau für Bayern gültige Signaltafeln an. Die Serie umfasst folgende Tafeln: Drei verschiedene, für die Epoche I und die Epoche II gültige Anfangs- und Endscheiben, die Pfeif- und die Läutetafel sowie das Schutzhaltsignal in zwei Größen. Sie werden in Bogen aus leicht glänzendem kräftigen Papier angeboten. Zudem gibt es einen Neigungsanzeiger, der aus Messingfeinguss hergestellt ist und deswegen lackiert und beklebt werden muss.

Die rechteckigen Signalbilder lassen sich einfach mit Schere oder Skalpell ausschneiden. Für exakte Kanten empfiehlt es sich, zur Führung ein Stahllineal zu verwenden. Runde Tafeln sind mit den genannten Mitteln nur schwer sauber auszuschneiden. Ich habe mir deshalb einige Locheisen besorgt, mit denen ich das Papier ausstanze. In diesem Falle passt ein Locheisen von etwa 5,5 mm Durchmesser. Es wird so angesetzt, dass die Schneidekanten die Signaltafel bündig umfassen. Dann wird mit einigen sanften Hammerschlägen die Tafel schön rund ausgestanzt. Als Unterlage empfehlen sich Hartholz oder Kunststoff.

Die Beton- oder Eisenrohrpfosten habe ich aus 1 mm starkem Kunststoff-Vierkantprofil bzw. Plastikstangen von 0,8 mm Durchmesser hergestellt. Die korrekte Länge ist ca. 35 mm. Zum Verkleben nach dem Lackieren eignet sich Kunststoffkleber, z.B. von Faller, da die von Reitz verwendeten Fotopapiere eine Kunststoffunterlage als Träger für die lichtempfindliche Schicht besitzen.

Bemalt werden die Rohrpfosten und Tafelrückseiten mit Mittelgrau Nr. 125 von Humbrol. Betonpfosten bekommen einen Anstrich aus beigegrauer Farbe Nr. 121, gemischt mit etwas Mattschwarz Nr. 33, ebenfalls von Humbrol.

Bayrisch Weiß-Blau

Der Neigungsanzeiger hatte beim Vorbild einen weiß-blau geringelten Holzpfosten. Er lässt sich auf die gleiche Weise bemalen, die man z.B. bei Maibäumen anwendet: Der sorgfältig entgratete und entfettete Messing-Spritzling wird zunächst mit weißer Grundierung besprüht. Ob man dazu eine aus der Dose verwendet oder die Spritzpistole (Düse mit 0,25 mm

Bild 9: Eine Kö I hält vor einer Haltscheibe.

Bild 10: Die vorgestellten Reitz-Signale in der Übersicht.

Durchmesser) bemüht, ist egal. Sobald die Grundierfarbe ausreichend trocken ist, wird der Holzpfosten gestrichen. Dazu verwendet man z.B. Dragonerblau Nr. 109 von Humbrol. Am nächsten Tag ist alles gut getrocknet und man umwickelt den Pfosten schräg nach rechts emporsteigend mit einem 1 mm breiten Streifen Abdeckband. Danach wird er in Mattweiß Nr. 34 von Humbrol lackiert. Nach einem weiteren Tag ist die Farbe richtig trocken, sodass man das Klebeband vorsichtig mit einer Pinzette abziehen kann. Aus Tonpapier bastelt man noch das Abdeck-Dächlein und streicht mit Humbrol Nr. 72 den Fuß des Holzmasts. So fehlt nur noch das eigentliche Schild. Es wird mit etwas Klarlack auf die Tafel geklebt. Danach kann man den bayrischen Neigungsanzeiger der Bahnmeisterei aushändigen.

Anfangs- und Endscheiben kennzeichneten Langsamfahrstellen, an denen Personenzüge nur bis zu 40 km/h, Güterzuge nur bis zu 35 km/h fahren durften. Die bei Reitz jeweils übereinander stehenden Paare gehören zeitlich zusammen. Der erste Typ wurde etwa 1876 eingeführt. Nachts war die Anfangsscheibe unten rechts durch ein grünes Licht, die Endscheibe durch ein weißes Licht gekennzeichnet. Beim 1893 eingeführten zweiten Typ saß die Lampe der Anfangsscheibe unten links, die der Endscheibe bleib gleich. Der dritte Typ folgte etwa 1920. Die nunmehr orangefarbene Anfangsscheibe zeigte unten links und oben rechts je ein rotes Licht, die Endscheibe unten rechts und oben links ein grünes Licht.

Die Haltscheibe wird an Prellböcken oder vor einem unbefahrbaren Gleisabschnitt aufgestellt und gebietet sofortigen Halt. Nachts leuchtete ein rotes Licht über der Scheibe. Sie wurde neben dem Gleis aufgestellt, wobei der Abstand zur Gleisachse mindestens 2,25 m betragen musste, die Höhe von der Unterkante der Tafel zum Boden 1,75 m (26 bzw. 20 mm in H0).

Die Langsamfahrscheibe wurde am Mast des bayrischen Hauptsignals auf einer Höhe von 4,0 m angebracht. Der Abstand von der Mitte des Mastes zur Mitte der Scheibe betrug 40 cm. In H0 sind dies 46 bzw. 4,6 mm.

Neigungswechselanzeiger zeigen Änderungen der Gleissteigung bzw. -neigung. Sie wurden neben dem Gleis aufgestellt, der Abstand zur Gleisachse betrug mindestens 2,25 m, der der Unterkante der Tafel zum Boden 1,90 m. In H0 entspricht dies 26 und 21,8 mm. Je nachdem, ob es in der Folge auf- oder abwärts ging, wurde das Zeichen rechts- oder linksgeneigt eingebaut.

Pfeif- und Läutetafeln standen (wie heute auch noch) vor niveaugleichen Bahnübergängen. Reitz hat in seinem Sortiment eine ältere Tafel mit der Aufschrift „Pfeifen, sodann Läuten 10 km". Es galten also 10 km/h Höchstgeschwindigkeit unter ständigem Pfeifen und Bimmeln – bis der Befehl aufgehoben wurde. Außerdem ist eine neuere enthalten, auf der nur die Großbuchstaben P und L gemalt sind. Die Position der Tafeln: wie beim Neigungswechselanzeiger.

Entlang bayrischer Strecken waren Signaltafeln aus Länderbahnzeiten oft noch in den 50er-Jahren zu finden. Warum also nicht eine Epoche-III-Anlage mit einem solchen Relikt ausstatten?

Profitipps für die Praxis

NEU

Neben der Modellbahn ist der funktionsfähige Straßenverkehr zu einem festen Bestandteil vieler Anlagen geworden. MIBA-Autor Maik Möritz zeigt in dem neuen Praxisband zunächst die Grundlagen des Car Systems auf, um dann in zahlreichen Schritt-für-Schritt-Anleitungen inklusive detaillierter Stücklisten konkret den Nachbau zu schildern. Angefangen vom Straßenbau mit Eisendraht oder Magnetstreifen über die Modifizierung angetriebener Fahrzeuge bis hin zur kompletten Verkehrssteuerung mit Elektronik und Digitalkomponenten gibt es jede Menge Tipps und Tricks für einen spannenden Fahrbetrieb. Verladeabläufe und Einsatzfahrten von Feuerwehr und Rettungsdienst sind dabei ebenso vertreten wie viele interessante Betriebsszenarien an den Schnittstellen von Straße und Schiene.

84 Seiten im DIN-A4-Format, Klammerheftung, über 250 Abbildungen

Best.-Nr. 15087455 | € 10,–

Weitere Titel aus der Reihe MIBA-MODELLBAHN-PRAXIS:

Best.-Nr. 150 87444

Best.-Nr. 150 87445

Best.-Nr. 150 87446

Best.-Nr. 150 87447

Best.-Nr. 150 87448

Best.-Nr. 150 87449

Best.-Nr. 150 87450

Best.-Nr. 150 87451

Best.-Nr. 150 87452

Best.-Nr. 150 87454

Jeder Band mit 84 Seiten im DIN-A4-Format und über 180 Abbildungen, je € 10,–

eBooks VGB

Jetzt als eBook verfügbar!

Best.-Nr. 150 87432-e

Best.-Nr. 150 87427-e

Je eBook € 8,99

Alle lieferbaren und auch längst vergriffenen Bände dieser Reihe gibt es als eBook unter www.vgbahn.de und als digitale Ausgaben im VGB-BAHN-Kiosk des AppStore und bei Google play für Android.

www.facebook.de/vgbahn

Erhältlich im Fach- und Zeitschriftenhandel oder direkt beim VGB-Bestellservice, Am Fohlenhof 9a, 82256 Fürstenfeldbruck, Tel. 0 81 41/5 34 81 0, Fax 0 81 41/5 34 81 -100, E-Mail bestellung@vgbahn.de, www.miba.de

MIBA DIE EISENBAHN IM MODELL

Nostalgische Komponente für moderne Anlagen

Sonderfahrt!

Eine Dampflok auf einer Ep.-V- oder -VI-Anlage wird gerne als Museumsfahrzeug deklariert. Für den angehängten zünftigen Museumszug eignet sich so ziemlich jedes ältere Fahrzeug. Während manche Veranstalter auf stilreine Garnituren Wert legen, würfeln andere alles durcheinander, was rollt. Herkunft und Lackierung der Wagen sind mitunter recht gemischt.

Öfters zu finden sind ehemalige DB-Donnerbüchsen 1. Klasse, die in Bauzügen lange überlebt haben. Z.B. bietet sich das schöne H0-Modell eines solchen Wagens von Fleischmann (5075; gibt es noch bei manchen Händlern, sonst gebraucht oder auf Modellbahnbörsen) als Basis einer Bastelei an, um einen „typischen" Museumszug zu schaffen.

Im ersten Arbeitsschritt wird das Dach abgenommen, um ans Innere zu kommen. Es ist pro Seite an drei Stellen am Wagenkasten festgeklipst – am besten mit einem kleinen Schraubenzieher die Wagenwand behutsam nach außen biegen und das Dach aushaken. Dann die Inneneinrichtung und die Fenstereinsätze herausziehen.

Für ein besseres Aussehen kann die Inneneinrichtung lackiert werden. Bei einer Donnerbüchse 1. Klasse dürfte es sich um grüne oder weinrote Polstersitze gehandelt haben. Die kurzen Trennwände zwischen den Sitzen werden holzfarben, die Wagenwände ebenfalls oder elfenbeinweiß. Man hat da etwas Spielraum, da Museumsfahrzeuge innen nicht immer originalgetreu eingerichtet sind. Auch einen allzu großen Ehrgeiz beim Bemalen braucht man nicht zu entwickeln, da der Innenraum wegen der die Fenster belagernden Fahrgäste ohnehin kaum zu sehen ist. Bei gleicher Gelegenheit kann man die Bremsumstellhebel weiß/rot lackieren und die Toilettenfenster weiß hinterlegen. Die Türgriffe lassen sich messingfarben hervorheben.

Patina oder Nichtpatina?

Ob man ein Museumsfahrzeug patiniert oder nicht, ist Geschmackssache. Beim Vorbild dürften die meisten tiptop in Schuss sein – aber nicht alle. Am besten,

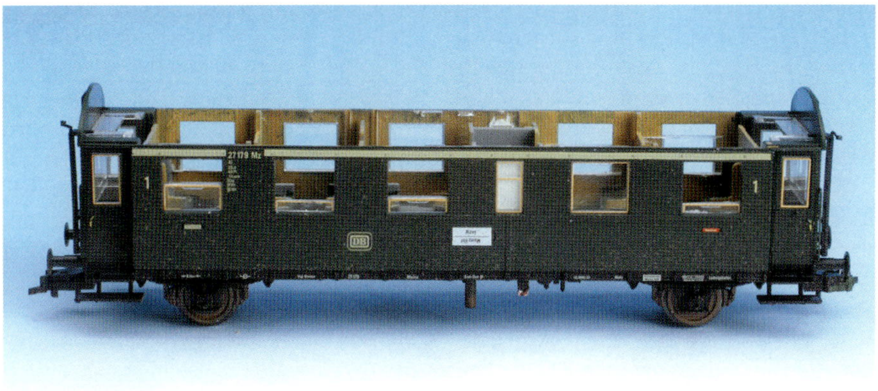

5

Bild 1: Die Fensterbänder komplett und unterteilt

Bild 2: Die drei Arbeitsschritte von links: Material überm Fenster abgesägt, Trennlinie markiert, „heruntergeschobenes" Fensterteil abgetrennt.

Bild 3: Auf der offenen Plattform des Packwagens turnen „Kamikazeknipser" herum..

Bild 4: Sitze und Wände des Wagens kann man farblich etwas aufpeppen.

Bild 5: Der Wagenkasten mit tiefergesetzten Fenstereinsätzen

man recherchiert „live"! Auch Zuglaufschild und Eigentümeremblem sind Sache des Veranstalters. Der Fleischmann-Wagen bekam einen leichten Ocker-Nebel aus der Noch-Spraydose verpasst, aus ca. 60 cm Entfernung und rasch darübergehuscht. Ideal ist das Ergebnis zugegebenerweise nicht: Aus der Nähe wirkt das Fahrzeug, als ob es einen Feldweg entlanggehoppelt wäre. Das nächste Mal wieder Airbrush!

Praktischerweise lassen sich bei Donnerbüchsen die Fenster fast ganz öffnen – zum bekanntermaßen verbotenen Blumenpflücken oder zum Fotografieren und Filmen. Fleischmanns Modell weist leider nur zwei offene Fenster auf. Doch das kann man ändern. Dazu werden als Erstes die Fensterbänder zerlegt. Am sanftesten geschieht das mit der feinen Roco-Säge. Die Teile mit den offenen Fenstern und den Toilettenfenstern kann man gleich wieder einsetzen.

Die übrigen müssen (bis auf ein oder zwei) „geöffnet" werden. Im ersten Schritt sägt man dazu über den Fenstern den Kunststoff weg. Dann zieht man mit einem nicht abriebfesten Stift 1 bis 2 mm unterhalb der Fensteroberkante eine waagrechte Linie und sägt ihr folgend das Fenster durch. Die Kanten werden behutsam glatt geschliffen, dann kann das Fenster schon mit Sekundenkleber oder Klarlack eingesetzt werden. Geht's mal mit einem Fenster schief, bilden die abgesägten Unterteile eine Reserve.

Zur Bestückung mit Fahrgästen – Sonderfahrten sind meist gut besetzt – eignen sich die Preiser-Sets 10298 und 10299. Unverzichtbares Detail sind die Foto- und Filmfreunde, die im Extremfall in solchen Scharen die Fensterplätze besetzen, dass die Reise für die übrigen Fahrgäste mehr einem Trip im U-Boot gleicht. Preisers Set 10089 braucht man da am besten gleich zweimal. ◂

Gebäude aus Plastikbausätzen verbessern

Neue alte Farben

Modellgebäude aus der Schachtel wirken trotz aller Detaillierung oft steril. Farbe kann viel bewirken und ohne weitere Veränderungen aus einem Modell von der Stange ein Unikat zaubern

Manchmal findet man einen Bausatz, der zwar auf den ersten Blick gefällt, aber vom Stil her partout nicht auf die Anlage passt. So ging es mit mit Auhagens „Lokleitung mit Schuppen" (11389) aus der Norddeutschland-Serie. Leider macht gerade die Stärke des Modells, nämlich das fein nachgebildete Ziegelmauerwerk, es auf Anlagen mit süddeutschem Thema zum Fremdkörper. Abhilfe bringt jedoch ein einfacher Anstrich mit weißer Farbe, wie er nicht nur in Bayern auf blanken Ziegelwänden verbreitet ist.

Dazu eignen sich Dispersions-Abtönfarbe sowie die handelsüblichen Nitrofarben von Humbrol, Revell oder ähnlichen Anbietern, jeweils in der matten Variante. Stets ist es wichtig, sie so aufzutragen, dass weder die Mauerfugen zugeschmiert werden noch etwaige andere Strukturen wie der Ziegelfries beim Auhagen-Bausatz. Bei Dispersionsfarben erreicht man dies, indem man die Farbe mit einem Borstenpinsel in kreisförmigen Bewegungen gleichsam einmassiert. Verdickungen werden dabei gleich weggewischt. Nitrofarben streckt man etwas mit Verdünner, sodass die Fließfähigkeit verbessert wird. Gerät die Farbe zu dünn, ist eventuell ein zweiter Streichgang fällig.

Den sollte man aber nur vornehmen, wenn ein frischer Anstrich dargestellt werden soll. Auch in der Wirklichkeit scheint mit der Zeit das Mauerwerk durch den Anstrich durch.

Abgeblätterte Farbe bringt Abwechslung ins Weiß und gibt einem Gebäude das bei Modellbahnern so beliebte leicht angegammelte Aussehen. Doch Vorsicht: Speziell zu früheren Zeiten achtete die Bahn sehr wohl auf das Aussehen von Bauten und Fahrzeugen! Aber an einem alten Schuppen kann man ruhig den Zahn der Zeit nagen lassen.

Farbe kann abblättern

Im Modell blättert Farbe rasch und einfach ab, indem man sie mit einer stumpfen Klinge abschabt, also z.B. mit der Rückseite des Bastelmessers oder einem Schraubenzieher. Vorsicht: Eine scharfe Klinge verursacht Kratzer im Material. Die freigelegten Ziegel lassen sich mit Buntstiften in unterschiedlichen Tönen einfärben, was zu einem noch vorbildgetreueren Aussehen beiträgt.

Das Auslegen der Mauerfugen mit hellgrauer Farbe zur Nachbildung des Mörtels ist bei einem weißen Anstrich natürlich Unfug. Stattdessen lässt sich mit stark verdünnter dunkler Wasser- oder Plakafarbe, der ein Schuss Spülmittel beigemischt wird, gut aufsteigende Feuchtigkeit im Mauerwerk darstellen. Die Farbe wird mit einem Pinsel in kleinen Dosen auf die Unterkante der Mauer des kopfüber gehaltenen Modells getupft. Dann verteilt sie sich von selbst in die Mauerfugen und trocknet dort. Wiederholt man den Vorgang an manchen Stellen zwei oder drei Mal, am besten mit unterschiedlichen Tönen, so wird die Verfärbung ungleichmäßiger und „echter". Überschüssige Farbe entfernt Küchenpapier, das man in hartnäckigen Fällen auch vorher in Wasser eingeweicht hat.

Im nächsten Schritt bekommt die Mauer ihre Patina. Nicht allzu viel, doch die Dampflokzeit war bekanntlich eine rußige Zeit. Bei raueren Oberflächen, z.B. Naturstein, ist Granieren (Trockenmalen/dry brush) die Technik der Wahl. Dabei wird ein kleinerer Borstenpinsel in möglichst dickflüssige Farbe getaucht und so lange auf einem Stück Karton ausgestrichen, bis die Farbe fast trocken ist. Streicht man den Pinsel dann über Unebenheiten, bleibt ein wenig Farbe an den höher liegenden Stellen kleben und hebt diese optisch hervor.

Will man eine relativ glatte Fläche mit einer leichten Patina überziehen, bietet

Bild 1: Zum Vergleich frisch geweißeltes und unbehandeltes Mauerwerk

Bild 2: Mit der Rückseite der Messerklinge wird Farbe abgeschabt.

Bild 3: Stark verdünnte dunkle Farbe läuft in die Mauerfugen.

Bild 4: Die Mauer nach eins bis drei Farbeinläufen.

sich eine Technik aus Kindertagen an: mit dem Farbstift schraffieren! Damals hat man so z.B. Münzen auf Papier durchgepaust.

Heute fährt man mit einem schwarzen oder grauen Buntstift mehr oder minder kräftig über die Ziegelmauer. Die Ziegel werden grau, die Fugen bleiben weiß. Zu viel der Farbe entfernt der Daumen oder der Radiergummi. Besser als Buntstifte sind Pastellkreiden, die es jedoch nicht überall zu kaufen gibt.

Das Dach spielt bei Modellhäusern eine wichtige Rolle, da es in erster Linie von oben gesehen wird. Auhagens Modell ist mit der Nachbildung einer Teerpappe-Deckung versehen. Leider ist sie, da ziemlich glatt, nicht so gut gelungen wie der Rest des Gebäudes. Doch auch dem lässt sich abhelfen: Mit feinem Schleifpapier, Körnung 240 oder kleiner. Es wird in Streifen zu ca. 1 cm Breite geschnitten und mit einem Alleskleber aufgeklebt. Überhänge trennt man mit dem Bastelmesser ab. Nicht übersehen: Die einzelnen Bahnen müssen sich etwas überlappen. Um die dunkle Pappe aufzuhellen, kann man sie behutsam in hellem Grau granieren. Regenrinnen und Fallrohre werden dunkelgrau. ◂

Bild 5: Leichte Patina lässt sich auch mit dem Farbstift auftragen.

Bild 6: Das Ergebnis der verschiedenen Behandlungstechniken.

Bild 7: Schleifpapierstreifen imitieren Dachpappe.

Bild 8: Zweimal Modell-Dachpappe. Rechts das originale Kunststoff-Dach, links patiniertes Sandpapier

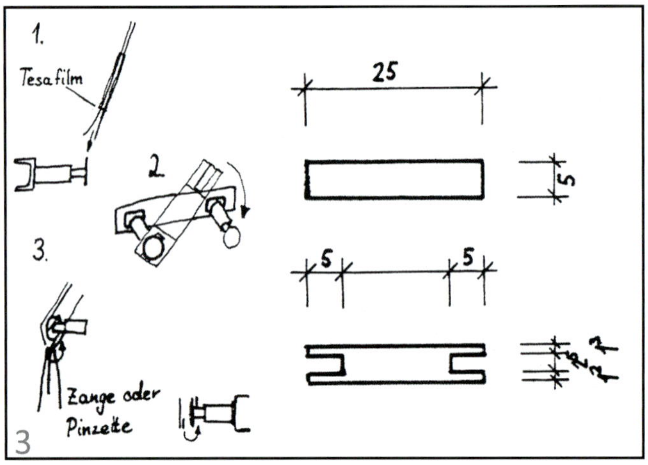

Bild 1: Eine mit „Schubplatte" ausgestattete Piko-95 im Einsatz. Der schmale Streifen fällt im Anlagenbetrieb kaum auf.

Bild 2: Der Tesastreifen ist gut zu erkennen.

Gleitplatte für die Puffer

Hakelfrei schieben

Mit einer kleinen Hilfsvorrichtung lässt sich echter Schiebebetrieb entgleisungsfrei und sicher abwickeln.

Bei Mittelgebirgsanlagen böte sich auf den oft enorm steilen Strecken Schubbetrieb eigentlich als sowohl vorbildgetreue als auch faszinierende Form des Modellbahnbetriebs an. Leider jedoch lassen die auftretenden technischen Schwierigkeiten die meisten Versuche scheitern.

Problem Nr. 1, die unterschiedlichen Laufeigenschaften der Loks, kann man mit Digitaltechnik in den Griff bekommen. Bleibt Problem Nr. 2, das Verhaken der Puffer von Schublok und geschobenem Wagen in Kurven. Unweigerlich führt das zu Entgleisungen.

Dies verhindert man, indem man sowohl am letzten Wagen eines Zuges als auch an der Schublok einen kleinen Plastikstreifen an den Puffern anbringt. Wagen können ganz nach Belieben in den Zug eingereiht werden. Eine Sortierung nach Gewicht oder Länge ist unnötig.

Um die Fahrzeuge nicht zu beschädigen und die Veränderung optisch möglichst unauffällig zu halten, schneidet man aus einer 0,4 mm starken glasklaren Kunststoffplatte zwei gleich große Stücke aus. Sie sind so hoch wie die Pufferteller und so lang wie deren Außenmaß. Der eine Streifen bekommt zusätzlich an beiden Enden mittig 5 bis 6 mm tiefe und ca. 2,3 mm breite Ausschnitte (siehe Zeichnung). Nun muss man ausprobieren, ob der Streifen sich leicht und ohne zu klemmen direkt hinter den Puffertellern zwischen die Puffer stecken lässt. Klappt dies, werden die beiden Streifen aufeinandergelegt und in der Mitte mit einer Lage Tesafilm umwickelt. Natürlich darf der Klebestreifen nicht in die beiden Ausschnitte hineinragen. Anschließend schiebt man die Plastikstreifen so über die Pufferteller, dass sich der eingeschnittene Streifen hinter, der andere vor den Puffertellern befindet. Sind die Fahrzeuge so vorbereitet, kann es schon losgehen. Der Typ der verwendeten Kupplung ist ohne Belang.

Somit kommt man schon zum Problem Nr. 3, dem Schubbetrieb selbst. Besonders kräftige Modell-Schubloks wie z.B. die E 50 oder die E 94 von Roco können den Zug aus dem Gleis drücken, wenn die Zuglok vorne zu langsam fährt. Dieses Problem kann man elegant umgehen, wenn man die „richtige" Schublok einsetzt. Besonders für Anfänger kann man die Dampflok der Baureihe 95 von Piko empfehlen. Sie hat hervorragende Fahreigenschaften, aber auch eine so geringe Zugkraft, dass sie keinen Zug aus den Gleisen drücken kann. Sie reicht aber aus, der Zuglok auch mal aus der einen oder anderen Kontaktschwierigkeit zu helfen. Außerdem kann man die Räder der Lok schleudern lassen, was jeden Zuschauer davon überzeugt, dass der Schubbetrieb echt ist.

In der Praxis läuft dann das Ganze so ab: Ein Zug fährt in ein Bahnhofsgleis ein und bleibt langsam vor dem Ausfahrsignal stehen. Dann setzt sich die Schublok so an den Zug, dass sie exakt in dem Moment stehen bleibt, in dem sie die Puffer des letzten Waggons berührt. Nach einer kleinen Wartezeit zur seelischen und moralischen Vorbereitung gibt man der Schublok ein oder zwei Fahrstufen „Gas". Hat sie die Waggons auf die Zuglok aufgeschoben, gibt man auch der Zuglok so viele Fahrstufen, dass sie ohne zu ruckeln losfährt. Dann werden beide Loks immer abwechselnd gleichmäßig um eine oder zwei Fahrstufen beschleunigt, bis der Zug seine Sollgeschwindigkeit erreicht hat.

Man muss einige Trainingsfahrten machen, bis man die nötige Routine hat, um den Schubbetrieb sicher durchzuführen. Doch dann hat man viel Spaß! ◂

Bild 1: Ein patinierter Wagen und ein schachtelfrischer im Vergleich

Bild 2: Nach dem Farbauftrag per Airbrush werden die Streben sofort mit einem Wattestäbchen gesäubert.

Bild 3: Abkleben hält die Anschriften sauber.

Bild 4: Graubrauner „Dreck" über allem ergibt die richtige Patina.

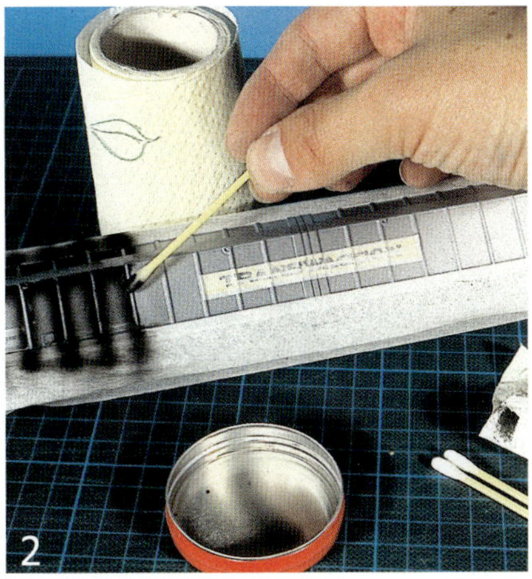

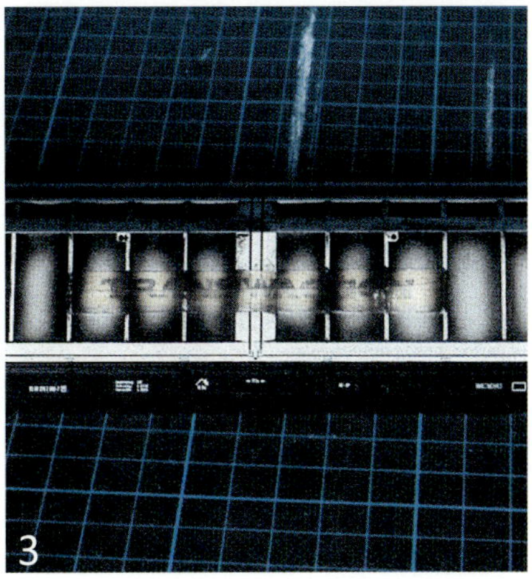

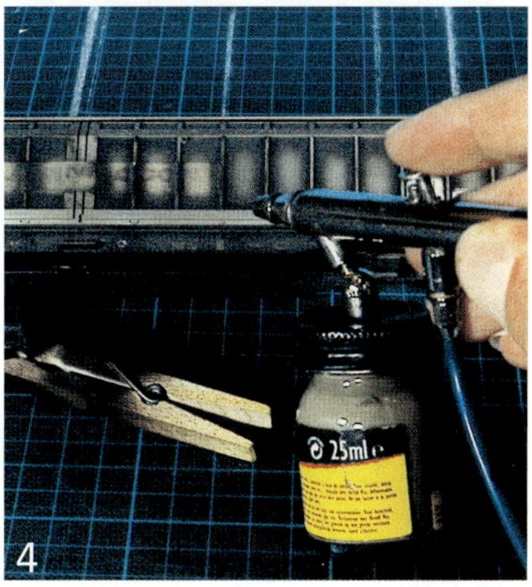

Metallisch glänzende Güterwagen patinieren

Gediegen altern

Ziel der „Verschmutzungsaktion" ist ein Schiebewandwagen von Märklin. Ähnliche Modelle vergleichbarer Vorbilder mit einer alufarbenen Außenhaut und verschiedenen Betreibern haben aber auch z.B. Roco und Electrotren im Sortiment.

In dem typischen glänzenden Silber, das das Modell beim Herausnehmen aus der Verpackung besitzt, sind beim Vorbild eigentlich nur nagelneue Wagen dieser Bauart unterwegs. Im Großen werden sie relativ schnell von einer graubraunen Schmutzschicht überzogen, die sich an den senkrechten Streben der Schiebetüren stärker ablagert. Nur die Aufschriften werden gelegentlich freigewischt.

Am Modell beginnt man mit genau diesen dunklen Ablagerungen an den Seitenwänden. Sie werden mit dem Airbrush aufgetragen. Um keine Farbe auf Stellen zu bringen, wo sie unerwünscht ist, werden Rahmen und Dach mit Krepp-Klebeband abgedeckt. Auch die Aufschrift „Transwaggon" sollte mit Klebeband abgedeckt werden. Ferner werden benötigt: Toilettenpapier, Wattestäbchen und ein Schälchen mit Verdünner. Zunächst wird verdünnter schwarzer Mattlack um jede einzelne Strebe gespritzt. Danach wird die Farbe auf der Strebe selbst mit dem Wattestäbchen und wenig Verdünner wieder abgewischt.

Erwischt man zuviel Verdünner, läuft er an der Strebe entlang und verschmiert alles! Auch ein Blatt Toilettenpapier, um den Zeigefinger gewickelt, ist geeignet. Das Ergebnis nach Entfernen der Klebestreifen ist nicht sehr ansehnlich. Um den starken Kontrast zwischen Silber und Schwarz zu mindern, wird nun eine feine Schicht erdiges Grau als Staubimitation aufgetragen. Hierbei werden auch Rahmen und Drehgestelle eingenebelt. Wenn man von schräg oben und unten aufträgt, ergeben sich hübsche Effekte, da Kanten aufgehellt werden, während tiefer liegende Flächen weitgehend farbfrei bleiben. Wie in der Realität können nun die Aufschriftenfelder mit einem Wattestäbchen und wenig Verdünner freigewischt werden. Eventuell sind hierbei mehrere Durchgänge nötig.

Noch bevor der Grauschleier endgültig getrocknet ist, kann auf die Drehgestelle Puderfarbe aufgetragen werden. Durch die Farbe hält der Puder und bleibt relativ grifffest.

Der Vergleich mit einem nicht gealterten Modell zeigt deutlich die Unterschiede. Gerade bei einem so hervorragend detaillierten Wagen werden die Vorzüge durch „einfühlsames" Weathering noch hervorgehoben.

Ein Tipp: Bevor man sich an ein so teures Modell wie hier heranwagt, sollte man besser an einem weniger wertvollen Wagen üben. ◂

Vorheizanlage für Wagen nach Vorbild

Kesselhäuschen

Reisezugwagen müssen in der kalten Jahreszeit vorgeheizt werden, damit sie mollig warm sind, wenn die ersten Fahrgäste eintreffen. Zu Zeiten der Dampfheizung verwendete man dafür oft ausgemusterte Lokomotiven oder deren Kessel.

In Landau/Pfalz befand sich noch Ende der 1950er-Jahre eine besonders originelle Vorheizanlage. Sie bestand aus einem alten Lokkessel, dessen Hinterteil mit Stehkessel von einem solide gebauten Haus umschlossen war. Hinter dem Haus befand sich ein Bansen mit Kohle zur Befeuerung der Anlage. Von welcher Loktype der Kessel stammte, ist nicht mehr festzustellen. Die zweiflügelige Rauchkammertüre weist auf eine Bayerin oder gar Österreicherin hin. Der weit hinten liegende Dom macht eine B V möglich, doch passt die Form nicht. Weitere Indizien fehlen, da auch der Schornstein durch einen hohen Blechkamin ersetzt worden war. Das Ensemble gefiel mir so gut, dass ich es als Vorlage für ein H0-Modell wählte. Eine genaue Nachbildung kam des Kessels wegen jedoch nicht in Frage. Stattdessen besorgte ich mir einen Dampfkessel von Mo-Miniatur, wie ihn die Firma z.B. zur Innengestaltung von Fabriken o.Ä. anbietet. Er ist im Vergleich zum Original zwar sehr viel kleiner, doch was soll's? Schließlich müssen auf meiner Anlage, wenn überhaupt, nur ein paar Personenwagen vorgeheizt werden.

Dem Kessel baute ich ein paar übrige Kesselventile von Günther an, dazu einen langen Schornstein aus 4-mm-Messingrohr (Bastelladen). Dieser bekam zwei Ringe aus dünnen Papierstreifen, die ich mit Sekundenkleber befestigt habe. Den Funkenfänger des Originals habe ich eine Zeit lang vergeblich versucht, nachzubilden – es wollte nicht klappen. Also bekam mein Kamin ein weniger ausgefeiltes Exemplar aus einem zusammengerollten und umgeknickten Streifen der superfeinen Metallgaze von Haberl & Partner.

Die betonierte vordere Auflage schnitzte ich aus einem Kunststoffrest, verspachtelte sie mit Revell-Spachtel und klebte sie fest. Aus dem Gussast eines Bausatzes entstand die dicke Isolierung der in den Boden führenden Rohre.

Das Haus wurde aus Polystyrol- und Dachziegelplatten sowie Resten aus der Bastelkiste gebaut. Wegen des kleineren Kessels habe ich es etwas kürzer gehalten. Seine Grundmaße betragen 5,5 x 5 cm bei 3,2 cm Wand- und 4,5 cm Giebelhöhe. Es hat auch nur ein Fenster. Den gegenüber dem Vorbild größeren Dachüberstand verdankt es meinem privaten Geschmack. Nur erraten konnte ich das Aussehen der Rückseite. Ich habe ihr eine große Öffnung ohne Tor gegeben, da die feuernden Arbeiter ja nicht behindert werden sollen. Ein paar Millimeter breite Streifen der Kunststoffplatte um die Öffnung geklebt, täuscht hier Mauer-

Bild 1: Haus und Kohlebansen von hinten im Rohbau

Bild 2: Verputzt und patiniert wirken Haus und Bansen ziemlich „echt". Der Kohleberg entstand aus Echtkohle.

Bild 3: Das Originalgebäude, fotografiert am 23. Mai 1959 in Landau/Pfalz

Bild 4: Der Kessel ungefähr in Originalgröße mit aufgeklebtem Schornstein und angebauten Rohren sowie Ventilen vor dem Lackieren

Bild 5: Der Funkenfänger ist montiert. Nach dem Lackieren wurde der Kessel noch etwas patiniert.

stärke vor. In die gegenüberliegende (vordere) Wand habe ich vorbildgerecht einen Ausschnitt für den Lokkessel gesägt. Notgedrungen geriet er etwas weiter als beim Original, da sonst der Stehkessel nicht mehr durchgepasst hätte.

Weil das glatte Polystyrol auch angestrichen unwirklich wirken würde, habe ich die Mauern des Hauses mit Revell-Spachtel verputzt. Nach dem Trocknen wurde dieser glatt geschliffen. Ein Anstrich mit Weiß, dünnem Grau darüber sowie einem Hauch von Umbra sorgte für Farbe und Patina – auch wenn das Original bis auf den Bereich rechts vom Giebel recht sauber wirkt.

Für den Kohlebansen fischte ich aus meinem Restefundus den beim Bau einer größeren Bekohlungsanlage übriggebliebenen Teil eines Faller-Bausatzes. Anders als sein Vorbild ist er zur Betrachterseite hin offen. Hier liegt bei mir das Gleis, von wo aus der Kohlennachschub angekarrt wird. Die Bausatzteile wurden noch einmal gestutzt, dann zusammengeklebt, patiniert und mit einem Kohlenhaufen versehen. Dieser besteht aus einem Styroporkern mit darüber gestreuter „Förderkohle" von Asoa.

Nun konnten die drei Teile bereits zusammengefügt, platziert und in die Umgebung eingepasst werden. ◂

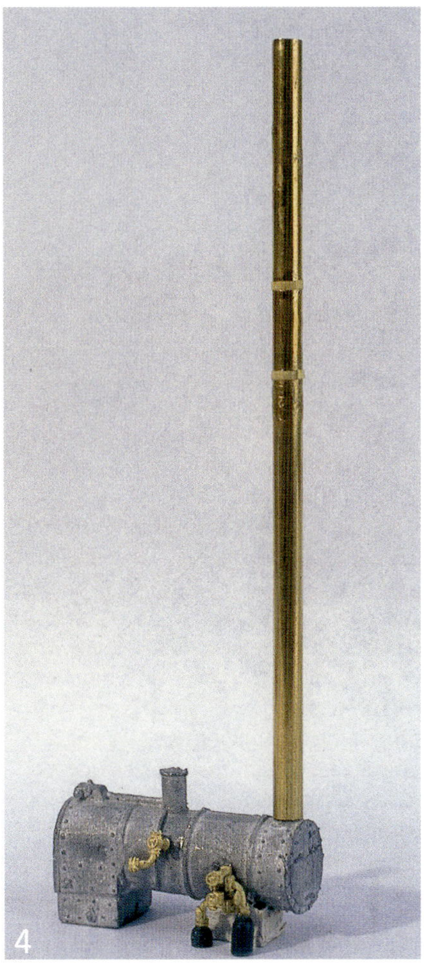

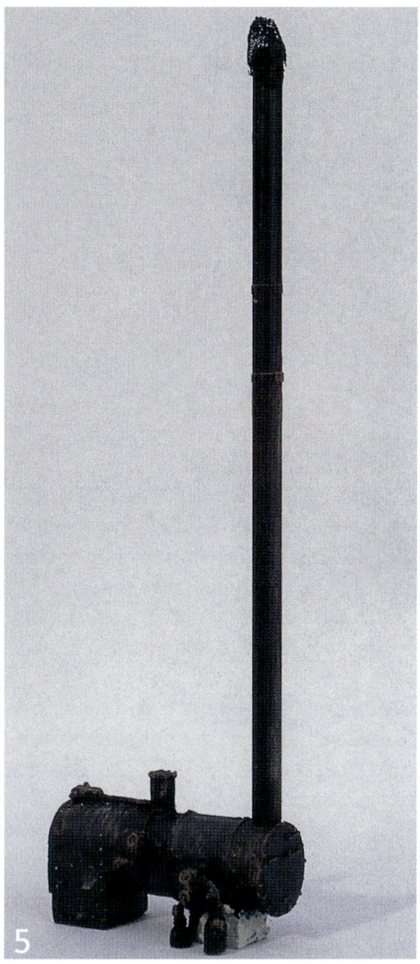

Bild 1: Das Moosgummi ist grob in Form geschnitten und wird in der Lok platziert.

Bild 2: Durch Andrücken des Gehäuses lässt sich der Schaumstoff in die Form des Hohlraumes pressen.

Bild 3: Lediglich im Bereich der Antriebsschnecke muss noch nachgearbeitet werden.

Bild 4: Der geformte Block wird in einen Kunststoffbehälter gehängt.

Bild 5: Das neue Gewicht und die aufgesägte Gipsform

Mehr Betriebssicherheit für Modellloks

Zusatzgewicht

Mehr Zugkraft und eine teilweise verbesserte Stromabnahme sind der Lohn eines einfachen Umbaus.

Vielen Modellbahnern ist es eine vertraut-leidige Erfahrung: Trotz ausgiebiger Einlaufphase zieht ein neues Lokmodell nicht richtig, auch die Kontaktsicherheit lässt zu wünschen übrig. Zu geringes Gewicht und zu wenige Stromabnehmer sind die Ursachen. Falsche Brünierung oder Vernickelung der Radreifen setzt dann möglicherweise dem Ganzen noch die Krone auf: Es bewegt sich gar nichts mehr. Heutzutage haben die Herseller solche Probleme zwar durchweg im Griff, doch besitzen viele Modellbahner eine oder mehrere Lok-Leichen, die bestenfalls für einen Stand-Einsatz im Bw taugen. Motoren und Getriebe sind aber meist gar nicht so schlecht, weswegen sich der Einbau eines Glockenankermotors kaum lohnt – ganz abgesehen vom Preis. Ohnehin nutzt kein Motor etwas, wenn der Strom fehlt. Dem gilt es abzuhelfen.

Platz für zusätzlichen Ballast steht in vielen H0-Lokomotiven ausreichend zur Verfügung oder kann durch Umrüstung der platzraubenden und antiquierten Lampenbeleuchtung auf LEDs geschaffen werden. Die komplizierte Form der Hohlräume macht die Anfertigung der Gewichte aber nicht gerade einfach. Hier hilft Moosgummi weiter: Das meist als Grundlage für Blumengestecke genutzte Material kann stark zusammengedrückt werden und behält dann seine Form.

Das Beispiel zeigt eine V 65 von Kato (Hobbytrain). Ein Moosgummi-Block wurde entsprechend dem großen Hohlraum vorbereitet und dann in Form gebracht. Zur Herstellung der Gießform befestigt man den geformten Block mit doppelseitigem Klebeband an einem Metallstück fixiert, und hängt ihn in einen kleinen Kunststoffbehälter (z.B. Joghurtbecher). Nun wird schnell härtender Modellgips in die Form gegossen. Das Metallstück verhindert ein Aufschwimmen des Schaumstoffs.

Nach dem Aushärten entfernt man den Moosgummi-Block. In der Gipsform können nun Bleiabfälle (z.B. Gießblei von Silvester) mit der Flamme eines Hartlötgerätes verflüssigt werden. Man kann sie auch in einem alten Töpfchen auf dem Herd schmelzen. Eintauchen in ein Wasserbad beschleunigt die Abkühlung.

Der Rohling wird durch Aufsägen der Gipsform freigelegt. Mit der Feile glättet man den Block und man kann kleine Korrekturen vornehmen. Das Gewicht der V 65 hat sich von 205 g auf 275 g erhöht. Bei Probefahrten machen sich die verbesserte Kontaktsicherheit und die gesteigerte Zugkraft deutlich bemerkbar. ◂

FOTO: WOUTER HAGENS (GEMEINFREI)

Bild 1: Das blühende Ausgangsmaterial

Bild 2: Drei frisch gepflückte Prachtspieren

Bild 3: Diese ist bereits ihrer überflüssigen Ästchen beraubt.

Bild 4: Nach dem Einnebeln mit Sprühleim wird sie mit Mikroflocken bestreut.

Bild 5: Dies wiederholt man so lange, bis keine braunen Stellen mehr zu sehen sind.

Bild 6: Fertige Bäume und etwas Gebüsch. Der rechte Baum wurde zusätzlich mit Noch-Blättern berieselt.

Preiswerte Büsche und Wälder mit Naturmaterial

Prachtspieren

Für den Bau einer Modellbahnanlage mit größeren Waldflächen sind massenweise Bäume notwendig. Kauft man sie fertig im Geschäft, verschlingen sie eine unglaubliche Summe an Geld.

Eine Alternative bietet der Selbstbau aus getrockneten Blütenständen von Astilben, auch Prachtspieren genannt. Wenn diese im Herbst nicht abgeschnitten werden, können sie ab Anfang November in trockenem Zustand in Modellbäume verwandelt werden.

Dazu werden zuerst störende Ästchen abgebrochen und die „Baumkrone" ausgedünnt. Danach wird der Blütenstand so lange mit Sprühkleber besprüht, bis sich ein weißer Niederschlag bildet. Darauf folgt das Belauben mit Flocken. Diesen Vorgang wiederholt man so lange, bis das Braun der Pflanze nicht mehr durchscheint.

Die Bäumchen lassen sich gut passend zur Modellbahn in etwa im H0-Maßstab herstellen. Kleinere Äste nimmt man für Massenbepflanzungen als Gestrüpp her. Die Prachtspieren können aber auch als Bäume für N- und Z-Bahner verwendet werden. Wenn man will, kann die Krone noch mit Blätterimitaten der Firma Noch nachbehandelt werden.

Sicher: Es gibt schönere und naturgetreuere Modellbahn-Bäume. Aber für „Masse" taugen die Prachtspieren-Gewächse allemal, besonders wenn man bedenkt, dass die Herstellung eines Baumes nur ca. drei Minuten dauert und nur knapp einen Euro kostet. ◂

Bild 1: Die Kanten der Schlackewagen in den Gruben tragen die Mittelschleifer der Loks und übertragen auch den Betriebsstrom an die Maschinen.

Bild 2: Legende zur Skizze
1: Treppenstufen, z.B. aus Sperrholz, Pappe, Kunststoffplatten o.Ä.;
2: Schienenprofil;
3: Schlackenwagen;
4: durchsichtige, stabile Kunststofffolie;
5: Lämpchen, 16 V, 30 mA, z.B. Conrad, Best.-Nr. 210516-69;
6: Mauerplatte;
7: Grundplatte aus Sperrholz

Bild 3: Legende zur Skizze
6: Mauerplatte;
8: Holzleiste 10 x l0 mm;
9: Belag, z.B. Gips oder Kunststoffplatten

Bild 4: Bauplan der Schlackeloren

Mittelleiter wegtarnen

Schlackengrube raffiniert

Verschiedene Varianten, wie man Schlackengruben in ein Märklingleis integrieren kann, sind im Laufe der Jahre vorgeschlagen worden. Viele der Lösungen setzen auf einen dünnen federnd gespannten Draht, der den Mittelleiter im Grubenbereich ersetzt. Hier ein anderer Ansatz.

Die Schlackengrube (in diesem Fall sind es zwei Gruben nebeneinander) wird im Rohbau aus Holzleisten und Sperrholz erstellt. Sie erhält eine Ausmauerung mit handelsüblichen Mauerplatten. Die Schienenprofile des Märklin K-Gleises werden passend und spurweitentreu aufgeklebt.

Die Rolle des Mittelleiters übernehmen in der Grube abgestellte Schlackenloren, die die Mittelleiter-Pukos ersetzen. Diese Wagen müssen in unregelmäßigen Abständen auf dem Grubenboden befestigt werden (am besten anschrauben). Der Abstand zwischen den einzelnen Wagen sollte 20 mm nicht überschreiten, damit auch Lokomotiven mit kurzem Schleifer die Grube sicher befahren können.

Die Mulden der Schlackenwagen werden aus 0,8 mm starkem Kupfer- oder Messingblech gesägt und z.B. über einem geeigneten Rundholz gebogen. Die Stirnseiten werden eingelötet und dienen dem Mittelschleifer als Auflage und Stromzuführung. Die von oben kaum sichtbaren Räder und Achsen der Schlackenwagen werden aus Messingröhrchen mit 2 mm Durchmesser gefertigt und unter die Mulden gelötet. Alle Schlackenwagen sind gemäß Skizze auf der Unterseite mit angelöteten Kabeln versehen. Um unschöne Quietschgeräusche der Mittelschleifer zu vermeiden, sollten die Oberkanten der Lorenstirnseiten leicht abgerundet werden.

Nachdem die Schlackenwagen braungrau gestrichen sind, erhält die Grube ihr endgültiges Aussehen mittels Asche aus dem Kamin. Formt man am Grubenboden noch zwei, drei Schlackehaufen aus transparenter Kunststofffolie mit aufgeklebter Asche und montiert jeweils eine rote LED oder ein Mikrolämpchen darunter, kann man noch glühende Schlacke imitieren.

Zuletzt werden die Schlackenwagen elektrisch verbunden und an den Mittelleiter des Nachbargleises angeschlossen. ◄

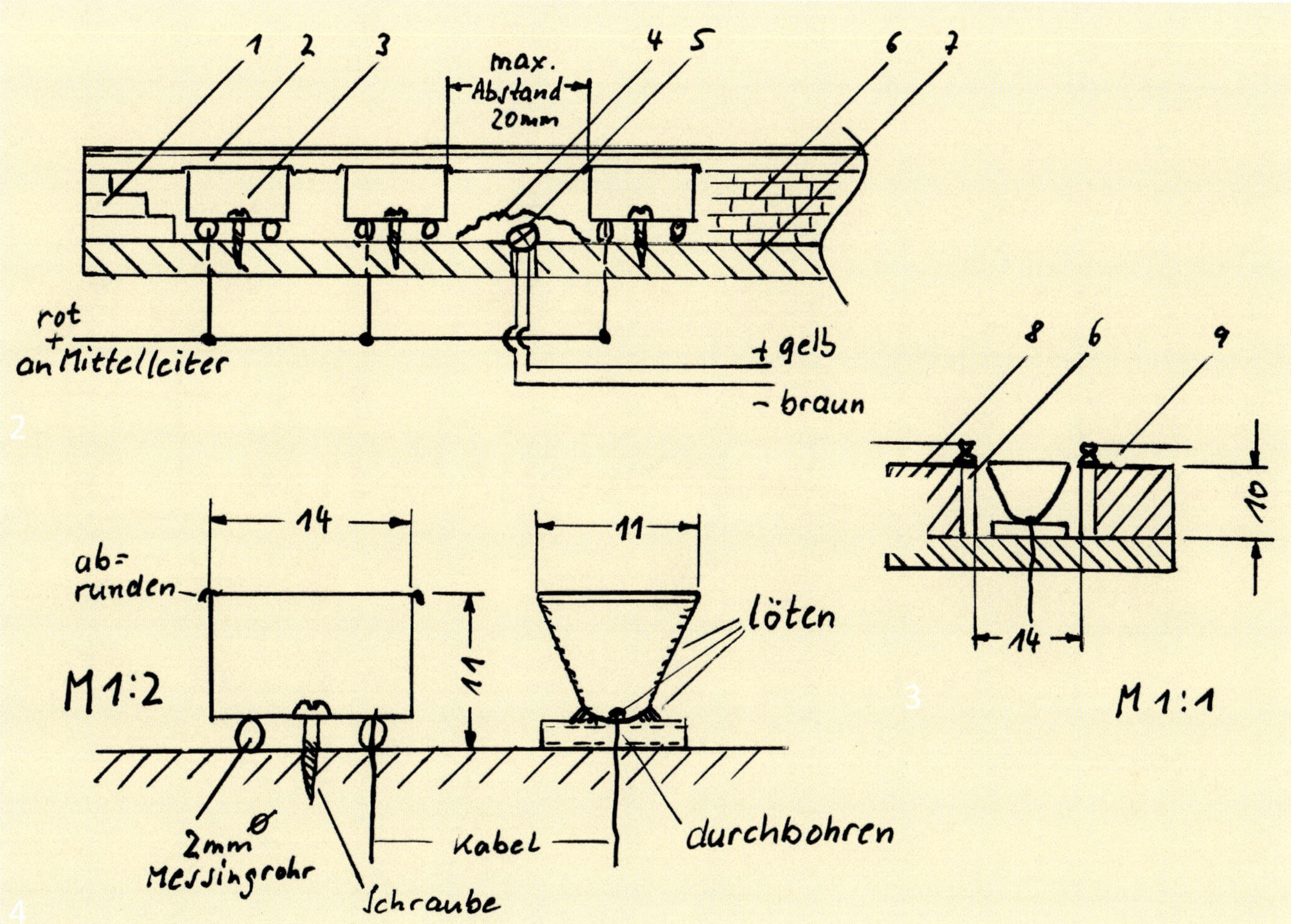

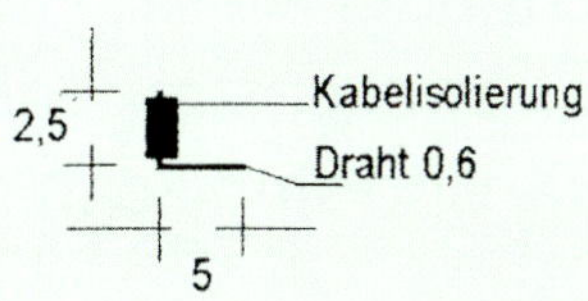

Bild 1: Montage eines Trägers

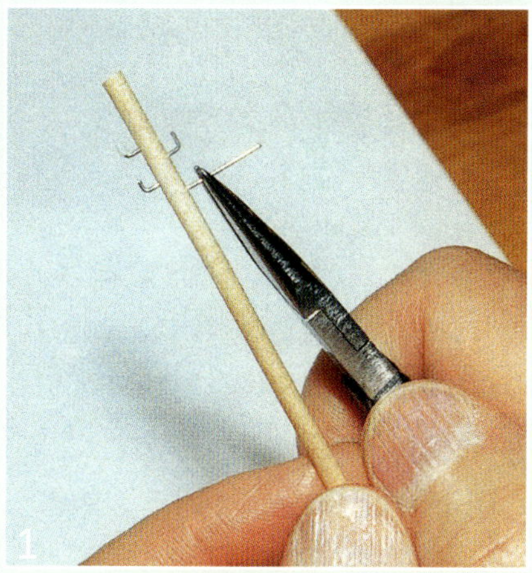

Stromzuführung zu Modellgebäuden

Freileitung

Wenn es schwierig ist, Strom von unten in ein Gebäude zu legen, bleibt nur eine Lösung wie beim Vorbild.

Ein neuer Lokschuppen passte gerade noch so auf meine N-Anlage. Jetzt fehlte nur noch der Strom für die Beleuchtung. „Unterirdisch" konnte ich keine Kabel mehr verlegen, da sich unter dem Schuppenstandort eine 13 mm Dämmplatte, eine 50 mm Buchen-Arbeitsplatte und darunter ein Schrank mit Schubfächern befinden. Es bleib also nur eine stromführende Freileitung.

Die Masten schnitt ich aus Schaschlikspießen zurecht. Für N sind sie zwar etwas massiv, aber schließlich sollen die Masten ja stabil sein. 70 mm sind für N ein passendes Maß. Oben werden sie abgeschrägt. Beim Vorbild kann dann das Regenwasser leichter ablaufen, was das Holz schützt. Die Spitze unten wird belassen, damit man die Masten leichter in den Untergrund stecken kann. Die Träger der Isolatoren biegt man aus 0,6-mm-Draht und drückt sie dann mit der Flachzange vorsichtig in eine entsprechende Bohrung im Mast (Foto). Wieviel Leitungen man benötigt, hängt von der Zahl und Stärke der Lampen ab, die durch sie gespeist werden. In meinem Fall waren es vier Leitungen. Bei stärkeren Lämpchen sollte man wegen des dünnen Drahts durchaus zwei oder mehr Leitungen für eine Lampe vorsehen.

Mit Stückchen von Kabelisolierungen werden die Isolatoren nachgebildet. Damit sich die Leitungen nicht berühren, habe ich sie versetzt angebracht. Sie bestehen aus Litzendraht, den ich einzeln von Mast zu Mast an die Träger gelötet habe. Für den Übergang zum verdeckten Kabel habe ich ein Trafohäuschen vorgesehen. ◂

Fachwerkhäuser selbst gebaut

Mit Pappe, Holz und Gips

Fachwerkgebäude sind von ländlich geprägten Modellbahnanlagen kaum wegzudenken. Doch oft passen die Gebäude der bekannten Anbieter optisch nicht so recht oder sie sind auf jeder Anlage zu sehen. Abhilfe bringt Selbstbau. Die dabei entstehenden Häuser wirken allemal realistischer als Plastikmodelle und sind auch nicht teurer.

1

2

Bild 1: Eine maßstäbliche Zeichnung nach Literaturvorgabe ist Basis des Modellbaus.

Bild 2: Auf die ausgeschnittene Wand wird aus 2-mm-Leistchen das Fachwerk geklebt.

Bild 3: Anschließend können die Seitenteile des Gebäudes mit der Bodenplatte verklebt werden.

Bild 4: Mit Gips schließt man die Gefache. Die Oberfläche soll dabei nicht plastikhaft glatt werden.

Bild 5: Während der Gips trocknet, werden die Fenster aufgezeichnet und ausgeschnitten.

Bild 6: Die Türen erhalten Kassetten, wie man sie bei älteren Bauwerken häufig antrifft.

Bild 7: Das Dach entsteht mit Hilfe einer Schablone, wobei Kamin- und Fensteröffnungen berücksichtigt werden.

Gestartet wird mit einer maßstäblichen Zeichnung des Hauses. In diesem Fall war das ein Gebäude norddeutschen Stils. Die Maße können von Vorbildfotos oder aus Zeichnungen in Fachliteratur abgenommen werden. Arbeitswerkzeuge sind Millimeterpapier, Geodreieck und ein Druckbleistift. Die ersten Umrechnungen in den H0-Maßstab ergeben meist Gebäude, die im Kontrast zur Modellbahn, im Beispiel einer kleinen Schmalspurbahn, stark überdimensioniert wirkten. Also verringert man einige Maße, ohne dabei die Proportionen zu verändern. Das Fachwerk wird gleich mit auf das Papier übertragen.

Sogenannter Finnenkarton aus dem Bürobedarf bildet die Grundfläche des neuen Häuschens. Er ist in verschiedenen Stärken erhältlich, wobei sich die 2-mm-Ausführung als besonders geeignet erwiesen hat. Aus diesem Karton werden die Wandteile geschnitten, auf die man das Millimeterpapier mit dem Fachwerk klebt. Für eine leichtere Endmontage empfiehlt es sich, die Grundflächen links und rechts jeweils 2 mm kleiner auszuschneiden als die Zeichnung es vorsieht. Als Kleber ist hier Uhu-Kraft gut geeignet, er klebt fest und schnell.

Ist eine Seite vorbereitet, werden die aufgezeichneten Tür- und Fensteröffnungen mit dem Bastelmesser ausgeschnitten. Gibt man rundherum jeweils ca. 1 mm zu, erhält man gleich brauchbare Befestigungsmöglichkeiten für die Fenster- und Türrahmen.

Nachdem die Seitenwände vorbereitet wurden, kann mit dem Aufbau des Gebälks begonnen werden. Dafür verwende ich 2 x 2 mm-Holzleisten aus dem Modellfluggeschäft...

Bild 8: Zum Schluss werden noch ein Sockel aus Mauerwerksplatten, Treppen usw. angebaut. Aus Alufolie entsteht die Blechabdeckung am Kamin.

Bild 9: Eine hübsch gestaltete Umgebung, hier vor allem das selbst gravierte Hofpflaster, betont noch die Individualität des Hauses.

Minuten Wartezeit mit etwas Druck zusammengeklebt werden. Ein Gummiband stabilisiert den Rohbau.

Anschließend kann schon bald mit dem Vergipsen der Gefache begonnen werden. Man benutzt hierzu handelsübliche Spachtelmasse. Der nach Verpackungsaufschrift angerührte Gips wird kurze Zeit im Gummibecher intensiv verrührt, um alle Klümpchen am Gefäßrand zu verstreichen. Nun wird die Masse mit einem Spachtel auf das Gebälk aufgetragen und die Fläche geglättet. Aber nicht zu eifrig: Kleine Unebenheiten sind erwünscht und machen beim fertigen Modell den Unterschied zum steril-glatten Plastikmodell aus!

Durch die Ausschnitte im Karton bleiben Tür- und Fensteröffnungen weitgehend frei von Gips und müssen bei Bedarf nur leicht nachgearbeitet werden. Das vollständig verspachtelte Gebäude sollte nun über Nacht an einem möglichst wenig feuchten Ort durchtrocknen. Ist der Gips ausgehärtet, können die Holzbalken mit einem feinen Messer freigekratzt und mit Wasserfarben bemalt werden. In der Zwischenzeit kann man mit dem Bau der Türen und Fenster beginnen.

Türen und Fenster

Wurden bei der Planung weitgehend ähnliche Fenster- und Türmaße verwendet, können diese Teile regelrecht in Serie hergestellt werden. Man überträgt dazu die Fenstermaße auf Fotokarton. Beim Ausschneiden ist besonders sorgfältig vorzugehen, da die Fenster nicht zu grob ausfallen dürfen. Mit einem feinen weißen Lackstift können nun die Querstreben auf durchsichtige Kunststoffplatten aufgezeichnet werden. Auf diesen Kunststoff klebt man die Kartonfenster – fertig. Man braucht sie anschließend nur noch auszuschneiden. Durch die bei der Herstellung der Seitenwände größer gehaltenen Öffnungen können die Fenster schnell und einfach eingepasst werden.

Bei der Konstruktion der Türen werden die Maße doppelt auf Fotokarton übertragen. Bei einer von beiden Türen werden zusätzlich Kassetten, Fensteröffnungen o.Ä. eingezeichnet. Mit Hilfe eines Lineals lässt sich alles leicht und sauber ausschneiden. Nachdem der äußere Rahmen auf das mit gleichen Maßen angefertigte Kartonteil geklebt wurde, können auch die ausgeschnittenen und etwas verkleinerten Kassetten wieder aufgeklebt werden. Die Türklinken werden aus einem Stück 0,3-mm-Messingdraht gebogen und in vorgebohrte Löcher gesetzt. Zum Einkleben empfiehlt sich Sekundenkleber.

Das Dach wird bei einfacheren Häusern aus Kunststoffplatten gefertigt. Um die spätere Wirkung zu testen, kann vorab eine Schablone aus Millimeterpapier oder Karton gebaut werden. Öffnungen für Dachluken und Kamin sind dabei schon vorzusehen. Die Treppen entstehen aus zugeschnittenen und zusammengeklebten Kartonstreifen. Wer den Gipsguss scheut, kann als Sockel Mauerplatten von Kibri oder Vollmer verwenden. Der Kamin wird aus ausgesägten Kunststoffstreifen mit Mauerprägung hergestellt. Nun bleiben nur noch einige Feinarbeiten zu tun: Neben Regenrinnen und Fallrohren (aus Evergreen-Produkten) sollten die Abdichtungen aus Blech auf dem Dach nicht vergessen werden. Als Blechimitat eignen sich Alufolie oder Metalletiketten von Sektflaschen. Ist der Sekt sowieso geöffnet, kann man dann auch schon das Aufstellen des neuen Häuschens auf der Anlage angemessen feiern! ◂

Bild 1: Ein Streifen Rosen grenzt die Villenzufahrt vom Weinberg ab und kontrastiert farblich das Grün der Umgebung.

Bild 2: Basis der Rosenbüsche ist ein Blütenbaum von Busch.

Bild 3: Mit der Schere werden behutsam kleine Stücke vom Baum geschnitten.

Bild 4: Zusammen mit „Laub“ aufgeklebt, bilden die Baumstückchen eine schön schmale Rabatte nach.

Edle Straßenbegrenzung

Rosenrabatte

Sei es wie hier zur Geländeabgrenzung, sei es der Schmuck eines Dorfes oder einer Stadt auf Plätzen und Wegen: Rosen machen sich immer gut, wenn sie blühen. Wünscht man sich spezielle Blütenfarben, hilft die Umwidmung anderer Modellgewächse.

Für die Auffahrt zu einem herrschaftlichen Anwesen suchte ich nach einem farblichen Akzent zwischen grauer Straße und grüner (Weinberg-) Umgebung. Eine schmale Rosenrabatte schien genau zu passen, am besten in Rosa. Indes, das handelsübliche Material von Noch, Faller etc. gefiel mir nicht sonderlich.

Entweder war es zu grob strukturiert, zu hoch, zu breit oder die Farbe passte nicht. Schließlich fiel mir ein „Blütenbaum“ von Busch (6653 für H0, heute 6841) in die Hände. Er hatte exakt das richtige Rosa und die gewünschte feine Struktur. Sein Nachteil: Er war ein Baum. Zudem gab es ihn nur im Doppelpack mit einem weiß beflockten Exemplar bzw. aktuell im Viererpack mit noch zwei grünen Kollegen. Aber eigentlich kann man niemals genug Bäume auf der Anlage haben ...

Der Baum wurde mit einer Schere in kleine Schnipsel zerlegt, bis nur noch der Stamm übrig blieb. Die Teile habe ich zusammen mit etwas übrig gebliebener Baumbeflockung schön der Reihe nach entlang des Zufahrtsweges aufgeklebt. Fertig war eine feine Rosenrabatte, die zudem nicht einmal viel kostete. ◂

1

2

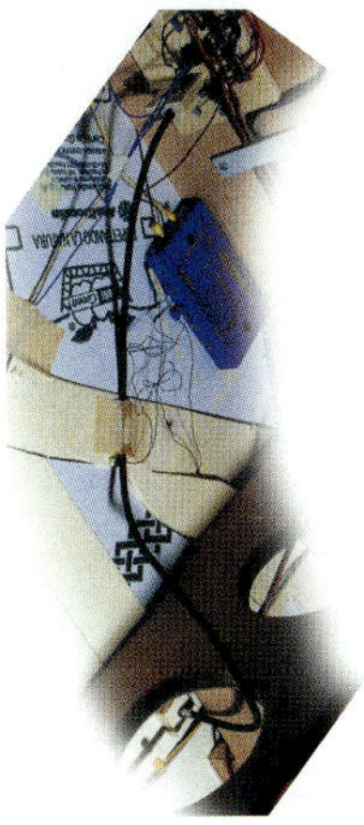

So ist der Drahtauslöser unter der Anlage verlegt: Oben der Druckknopf im Schaltbrett, dann der knickfreie Verlauf des Schlauchs, unten die bogenförmige Führung unters Gleis mit Extra-Verstärkung der Trassenplatte.

Bild 1: Der runde Entkupplerkopf zwischen den Schienen

Bild 2: Ein Nm-Wagen beim Abkuppeln

Bild 3: Prinzipskizze eines Entkupplers mittels Foto-Fernauslöser

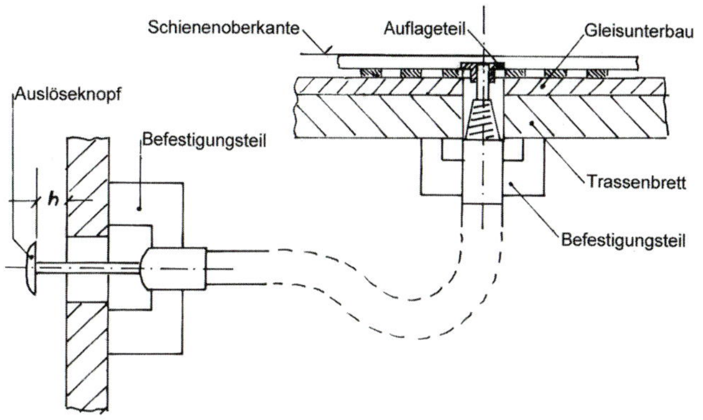

3

Rein mechanisch betätigter Entkuppler

Foto-Entkuppler

Beim Entkuppeln scheiden sich die Geister: Die einen schwören auf digitale Steuerung, die anderen auf Entkupplungsgleise, wieder andere bevorzugen die Lieber Gott-Methode und greifen von oben ins Geschehen ein.

Bleibt man auf dem Boden der Modellbahn, sprich: verwendet einen Entkuppler, so werden in aller Regel die Kupplungsköpfe benachbarter Fahrzeuge getrennt, indem Teile von ihnen von einem flachen Bauteil im Gleis nach oben gedrückt werden. Dabei werden Bügel über Haken gehoben oder Kupplungsköpfe gegeneinander verschwenkt. Im Effekt löst sich die Verbindung. Ein Entkuppler kann mechanisch oder elektromagnetisch bewegt werden. Meist wird er als Teil eines kurzen geraden Gleises geliefert, das an der gewünschten Stelle auf der Anlage platziert wird.

Der hier vorgestellte Vorschlag folgt grundsätzlich dem oben beschriebenen Prinzip. Er ist vor allem für Z-Bahner gedacht (in Z sind die Kupplungen nicht nach oben beweglich), aber auch für alle anderen Anwender, deren Kupplungen sich per Entkupplungsgleis trennen lassen. Bei der beschriebenen Methode kann der Ort der Entkupplungsfunktion an beliebiger Stelle des Gleisbilds angeordnet werden. Der Betrieb erfordert mit Ausnahme einfacher Befestigungswinkel keine zusätzlichen Maßnahmen.

Basis ist ein Drahtauslöser für Fotokameras. Im Fachhandel und im Internet gibt es ihn in verschiedenen Längen – auch heute noch, in Zeiten digitaler Fotografie! Mit Hilfe von zwei einfachen Holzjochen wird der Auslöser an geeigneter Stelle unter der Anlage befestigt, wobei das Montagemaß „h" durch Versuche ermittelt wird. Bei Z-Kupplungen sollte es ca. 2 – 3 mm betragen. Um ein sicheres Entkuppeln zu gewährleisten, wird je nach Kupplungsform auf den Auslösestift ein Rundteil, eine Platte oder ein Bügel geklebt.

Bei der hier gezeigten Nebenbahn in Nm sind die Triebfahrzeuge digital gesteuert. Daher kann man punktgenau halten und sicherstellen, dass der hintere Kupplungsschacht der zu trennenden Fahrzeuge genau über dem Stellelement zum Stehen kommt. Durch langsames Eindrücken des Auslöserknopfes wird der Wagen um die erwähnten 2 – 3 mm angehoben. Dies entspricht der Stärke der Z-Kupplungsköpfe. Diese liegen jetzt übereinander. Beim Losfahren wird abgehängt!

Nach mehrmaligem Üben des Entkuppelns funktioniert das mit den verschiedensten Fahrzeugtypen recht gut. Besonders auf Ausstellungen fasziniert dieser Vorgang das Publikum immer wieder, denn er läuft, wie beim großen Vorbild, langsam ab. Davon, dass die Wagen leicht angehoben werden, ist kaum etwas zu sehen. ◂

Eine alpenländische Kegelbahn selbst gebaut

Alle neune!

Kegelbahnen gehörten früher zu den wichtigsten Attraktionen einer Ausflugsgaststätte. Hierzulande sind sie längst vereinheitlicht, automatisiert und in den Kellergeschossen verschwunden. In Südtirol jedoch findet man sie noch in vielfältiger Ausführung – mit Dach, ohne Dach, mit betonierter oder hölzerner Bahn. Hier wird eine besonders schöne in H0 nachgebaut.

1

2

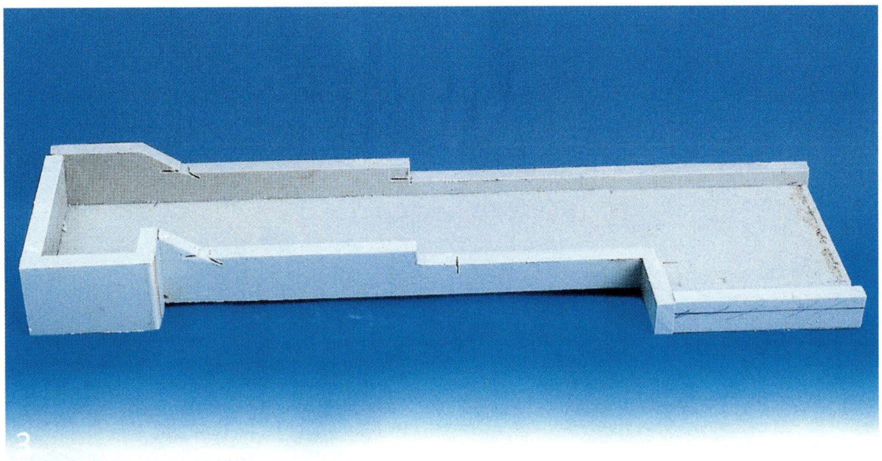
3

5

4

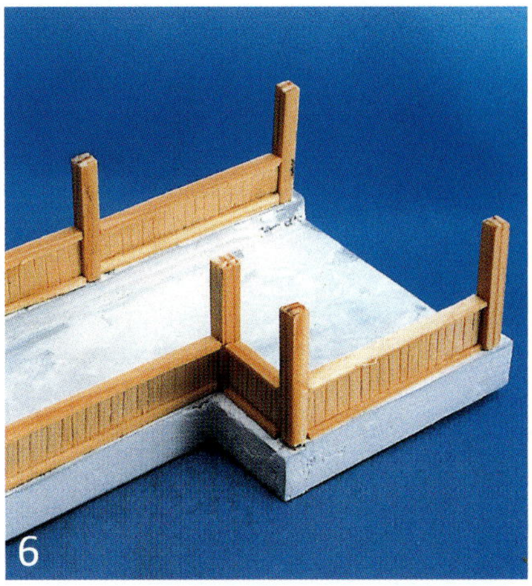
6

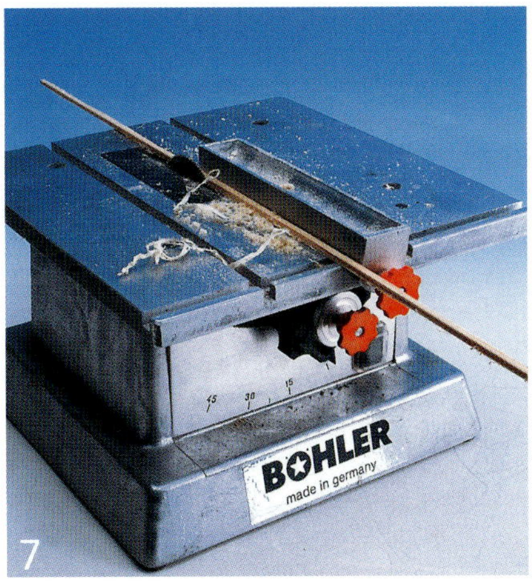

7

8

Bild 1: Die Kegelbahn des Schmiedlhofs in Grissian bei Bozen im Original

Bild 2: Zweibeiniger Meterstab im Einsatz.

Bild 3: Der Rohling des Fundaments wird aus Kunststoffplatten zusammengesetzt.

Bild 4: Beim Verspachteln entsteht eine leicht unregelmäßige Struktur wie eine grob gegossene Betonwand.

Bild 5: Nach dem Bohren der Löcher in die Fundamentwände werden die Stützen eingesetzt.

Bild 6: Die Zwischenwände bestehen aus Balsaholz, in das die Bretterfugen nur eingeritzt wurden.

Bild 7: Eine Tischkreissäge erleichtert die Holz- und Kunststoffarbeiten sehr. Hier wird eine 4-mm-Leiste auf 3 mm reduziert.

Bild 8: Aus ihr entstehen dann die schrägen Stützen an den Tragbalken.

Zwischen Bozen und Meran liegt hoch über dem Etschtal das Dorf Grissian. Noch ein Stück weiter bergauf kommt man auf schmaler Straße oder schattigem Waldweg zum Gasthaus „Schmiedlhof". Von dessen Garten aus bietet sich bei schönem Wetter ein herrliches Panorama ins Bozener Becken und hinüber zum sagenberühmten Rosengarten.

Erfreulicherweise haben die Besitzer des „Schmiedl" dem landestypischen Modernisierungsdrang getrotzt und darauf verzichtet, ihr schönes altes Gasthaus durch einen Protzbau im alpenländisch-

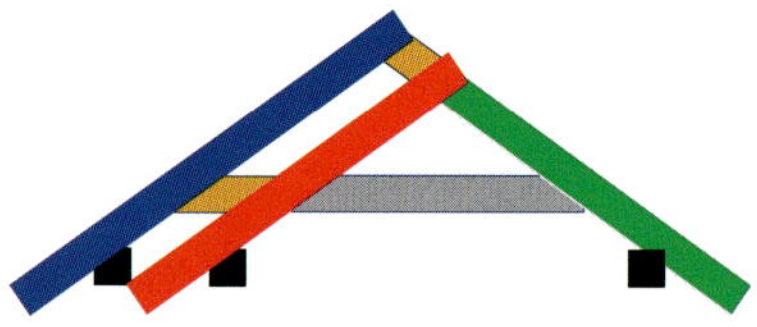

1:87-Computerskizze zur Ermittlung der Länge der Balken für den niedrigeren Dachteil (grün, rot, grau) und den höheren (blau sowie grün bzw. grau plus gelb).

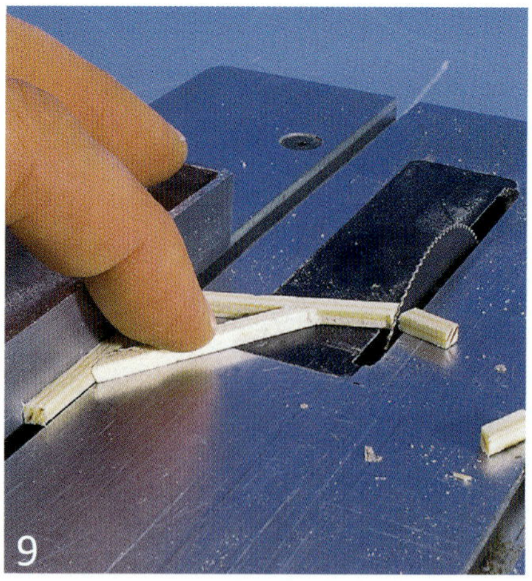

Bild 9: Zurechtsägen der dreieckigen Dachträger mit Hilfe des Anschlags auf der Tischkreissäge

Bild 10: Ein exakt mittig gespannter Faden erleichtert das Ausrichten der Dachträger bei der Montage.

Bild 11: Das Modell wird mit Wellblech aus dem Architekturbedarf gedeckt.

Bild 12: Die ähnliche Perspektive wie Bild 1 erlaubt den Modell-Vorbild-Vergleich.

einheitlichen Jodlerstil zu ersetzen. Auch die hölzerne Scheune blieb verwittert, wie sie ist – und eben die Kegelbahn.

Sie hatte es mir schon seit längerem angetan: Eine überdachte, an den Seiten offene Holzkonstruktion auf einem Betonsockel. Wie alt sie wohl sein mag? Das Holz zeigt die Patina der Jahre, aber der Beton ist gut in Schuss. Besonders der offen liegende Dachstuhl gefiel mir. So machte ich schon im Sommer vor drei Jahren ein Foto und schritt den Bau ab, um die ungefähren Maße herauszufinden.

Als ich mich Wochen später jedoch an den Computer setzte, um eine Maß- und Konstruktionszeichnung herzustellen, merkte ich, dass der einfach wirkende Bau deutlich komplizierter war, als es schien. Vor allem die Rückseite machte Schwierigkeiten, aber auch das Gebälk, auf das es mir ja ankam. Der schon frei geräumte Bauplatz auf meiner Anlage musste einstweilen frei bleiben.

Drei Jahre vergingen, bevor ich im letzten Frühsommer wieder zum Schmiedlhof kam. Diesmal hatte ich besser vorgesorgt. Neben Skizzenblock, Bleistift und Metermaß hatte ich natürlich auch die Kamera im Rucksack.

Wie befürchtet, war der Wirtsgarten voll mit Gästen, was mir die Lust nahm, die Kegelbahn genau zu vermessen. Der Meterstab blieb daher im Rucksack. Stattdessen habe ich das Objekt meines Interesses abgeschritten. Zudem nahm ich meine Tochter Theresa, damals praktischerweise ein „laufender Meter", als Maß: Kind vors Motiv stellen, abdrücken, fertig. Für die 1:100-Maßzeichnungen daheim brauchte ich nur noch einen Zirkel, um auf den Abzügen die Meter abzugreifen – natürlich unter Berücksichtigung der Perspektive. Die fertigen Zeichnungen wurden auf 1:87 auseinandergezogen, was die Planungsphase schon beendete.

Aus dem Bastlerladen bekam ich die nötigen Materialien: 4 mm starke Kunststoffplatten für den Unterbau, 3-mm-Holzleisten fürs Gebälk, 0,5-mm-Balsaholz für die Bretter. Das Dach (beim Original vermutlich Welleternit) erhielt H0-Wellblech von Mo-Miniatur aus Landshut (Nr. 87954).

Auf Basis der Zeichnungen sägte ich die Grundplatte und die „Beton"-Wände aus dem Kunststoff. Mit Hilfe der Tischkreissäge ging das flott und sauber. Danach wurden die Stücke zusammengeleimt. Nach dem Trocknen habe ich das gesamte Fundament mit Revell-Plasto zugespachtelt. Unebenheiten wurden später mit 120er-Schleifpapier geglättet. So verschwanden nicht nur diverse Spalten, auch wurde die Oberfläche leicht uneben. In meinen Augen wirkt das „echter", auch wenn, zugegeben, die Wände der Originalkegelbahn blitzsauber verputzt sind. Schließlich bekam der ganze Unterbau noch einen Anstrich mit Hekis „Beton"-Farbe.

Um die senkrechten Pfosten zu befestigen, habe ich in die Mauern des Unterbaus an passender Stelle 2-mm-Löcher gebohrt. Die Hölzchen für die Pfosten wurden 4 mm länger abgesägt als nötig und dann auf dieser Länge rund gefeilt, bis sie in die Löcher passten. Waagrechte Balken wurden lediglich mit Weißleim geklebt. Die Bretterverkleidung der vorderen Sei-

Die H0-Computerzeichnung entstand nach den Pi mal Daumen ermittelten Vorbildmaßen (Wirtshausseite).

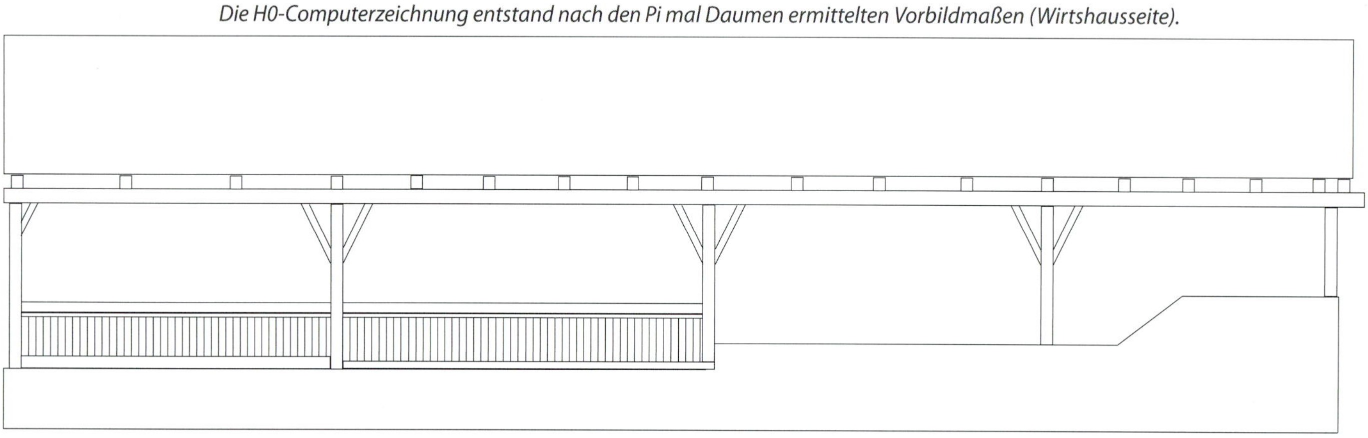

tenwände habe ich mit dem Rücken(!) des Bastelmessers beidseitig ins Holz geritzt. Auf ein Lineal als Anschlag habe ich dabei verzichtet, da die Bretter des Vorbilds auch nicht ganz gleichmäßig sind. Anschließend wurden die Brettchen sowie diverse Abdeckbretter nach Fotovorlage angeklebt.

Am PC ließ sich eine Schablone für die 17 dreieckigen Dachträger schnell und präzise entwerfen. Für den Mittelteil benötigte ich neun Dachträger mit jeweils 2,5 cm langen Balken links und rechts. Das Dach des hinteren Endes wird von vier asymmetrischen Trägern gestützt, mit einem 2,5-cm-Balken rechts und einem 4-cm-Balken links. Im vorderen erhöhten Teil des Baus waren symmetrische Träger mit 4,2 cm Kantenlänge nötig. Alle sind mit einem Querbalken versteift, der durchgehend auf derselben Höhe liegt. Nachdem ich die drei unterschiedlichen Querschnitte entworfen hatte, wurden sie ausgedruckt. Auf jeden klebte ich kleine Kunststoffstückchen als Anschläge – und schon ging's los: 3-mm-Leistchen anlegen, anzeichnen, absägen, zusammenkleben. Die Versteifungs-„Balken" habe ich dank des einstellbaren Anschlags der Böhler-Kreissäge quasi in Serie hergestellt und eingeklebt. Nach jeweils etwa einer Minute war der Weißleim schon so fest, dass ich die Träger behutsam herausnehmen und beiseite legen konnte. Binnen einer Stunde war die kompliziert wirkende Dachkonstruktion fertig.

Um die Klebefläche zu vergrößern, habe ich die Längsbalken an den Auflagestellen der Dachträger mit einer 4 mm breiten Schlüsselfeile leicht abgeschrägt. Damit die Dachträger in einer Flucht montiert werden konnten, habe ich zwischen dem vorderen und hinteren Querbalken des Unterbaus exakt mittig einen Faden gespannt. So konnte ich die Dachträger leicht ausrichten. Zwei Bretterverkleidungen für die Stirnseiten des erhöhten Gebäudeteils schlossen den Rohbau ab. Leider habe ich übersehen, zu schauen, ob das Original eine Firstpfette hat oder nicht. Im Grunde ist es auch egal, man sieht sie beim fertigen Modell eh nicht mehr.

Geklebt habe ich das Ganze aus Gewohnheit mit wasserlöslichem Weißleim – ein Fehler, da beim anschließenden Beizen des Dachstuhls (mit Nr. 3002 „Hellbraun" von Poscher) einige Verbindungen wieder aufgingen. Nicht-wasserlöslicher Leim wäre besser gewesen. Bevor das Dach geschlossen wurde, habe ich aus Balsa- und Furnierholz noch den Tisch und die beiden Bänke nachgebildet, die im vorderen linken Teil der Kegelbahn stehen. Hier können sich die Spieler ausruhen und Glück oder Missgeschick ihrer Kontrahenten kommentieren.

Für das Dach verwendete ich, wie erwähnt, Wellblech von Mo-Miniatur. Das machte zwar mein Vorhaben zunichte, das Dach abnehmbar zu lassen, wirkt aber einfach gut. Es wird in Streifen von 12,5 cm Länge und 2,1 cm Breite geliefert, vier Streifen pro Packung. Das machte es nötig, zu stückeln, was beim Original zwar nicht der Fall ist, aber was soll's? Aufs Holz geklebt wurden die Streifen wieder mit Weißleim, weil er Unebenheiten etwas ausgleicht. Für die überlappenden Stellen habe ich Sekundenkleber verwendet. Nach dem Abbinden des Klebstoffs habe ich das Dach zunächst mit mittelgrauer Humbrol-Farbe grundiert. Sie haftet besser auf dem Metall als die Dispersions-Abtönfarben, die ich in Graniertechnik für die Patina nutzte: Oxidbraun (Rost) und Umbra.

Zuletzt blieben nur noch ein paar Kleinigkeiten zu erledigen: Das Wetterschutzbrett am hinteren Ende der Kegelbahn, ein Satz Kegel (aus Zahnstochern) sowie die Reifen, die die hintere Wand vor dem Aufprall der Kugel schützen sollen. Für Letztere habe ich zwei ältere Modellautos geschlachtet, die demnächst als Schrotthaufen irgendein Eck meiner Anlage verunstalten werden. ◂

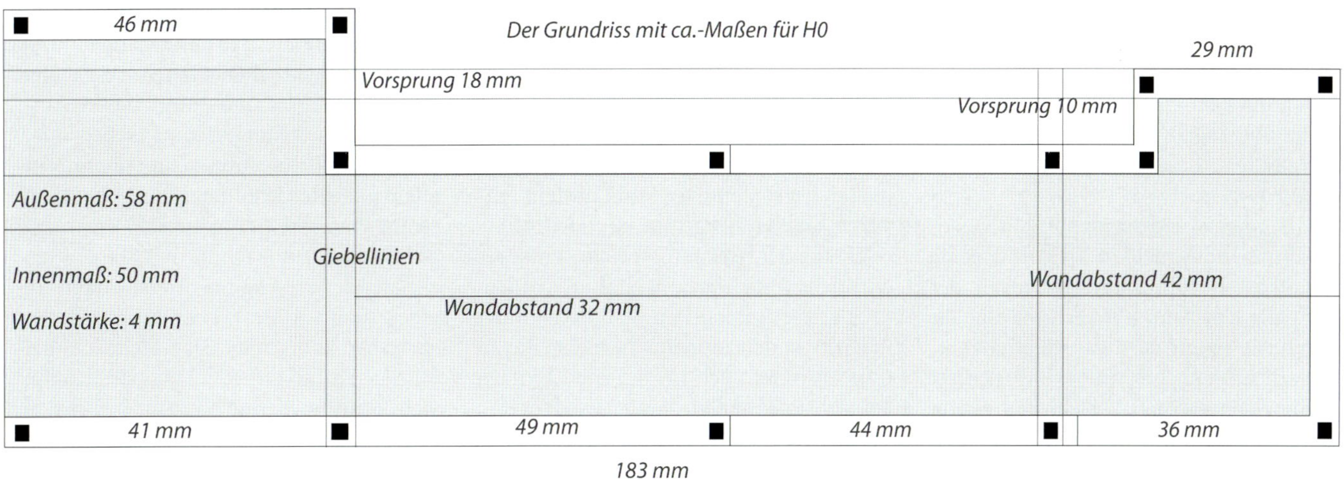

Bild 1: Betonkanäle, Hektometersteine und P-Tafel bringen Vorbildnähe.

Bild 2: Signaltafeln können auch an Oberleitungsmasten angebracht sein.

Bild 3: Der gelbe Schaltkasten ist mit einem Kabel mit dem Indusi-Magneten am Gleis verbunden.

Streckenzubehör selbst gebaut

Neben dem Gleis

Eine Streckenausstattung wie bei der großen Bahn macht sich auch im Modell gut.

Die Kabel der Bahn verlaufen entlang der Strecke in Betonkanälen. Deren Darstellung ist sehr einfach. Man nimmt ein Vierkantholz von 5 x 5 mm und schneidet es in viele einzelne Teile von etwa 1,5 cm Länge. Die Holzstücke werden dann hintereinander neben die Gleise geklebt, mit hellgrauer Farbe überzogen und nach dem Trocknen gealtert. Eine einfache Bastelei mit großer Wirkung!

Vor oder an jedem Signal gibt es sogenannte Indusimelder. Das sind gelbe Schaltkästen zum Zwangsbremsen der Lok beim Überfahren eines roten Signals. Für die Fertigung ist etwas Kreativität erforderlich, denn hier muss improvisiert werden. Der Kasten besteht aus einem passend zurechtgeschnittenen Holzstück, an dem man die oberen Kanten etwas abschrägt. Dann werden sie gelb gestrichen. Ein dünnes schwarzes Kabel deutet die Verbindung von Kasten und Magnetkontakt am Gleis an. Dieser Kontakt befindet sich auf der Schwelle des Gleises. Er wird ebenfalls aus Holz imitiert und gelb bemalt. Den Schaltkasten platziert man 1 bis 2 cm neben dem Gleis.

Die Signaltafeln lassen sich folgendermaßen herstellen: Der Pfahl besteht entweder aus Messingrohr, aus H-Profilen oder aus Holzleisten, welche entsprechend mit Rostfarbe gestaltet werden. Eine große Auswahl an Schildern findet man z.B. in den Signalbüchern von Stefan Carstens oder auch im Internet. Einfach auf selbstklebendem Papier ausdrucken, ausschneiden, einen Karton als Verstärkung hinterkleben und am Pfahl befestigen. Zu beachten ist aber, dass einige Tafeln in beiden Fahrtrichtungen sichtbar sein müssen. Wichtige Signaltafeln sind z.B. „Läuten“ oder „Pfeifen“ an Brücken, unbeschrankten Bahnübergängen und an unübersichtlichen Stellen. Auch Geschwindigkeitsschilder und deren Aufhebung, Anweisungen zum Heben oder Senken des Schneepflugs sind häufig, vor allem natürlich Kilometer- und Hektometerangaben. Sie befinden sich entweder auf einem Stein (rechnerisch alle 115 cm entlang der Strecke im Modell) oder auf einer Tafel am Mast. Letztere ist wie beschrieben zu fertigen. Den Stein schnitzt man aus Kunststoff oder Holz, streicht ihn weiß und beschriftet ihn mit passenden Abreibebuchstaben. ◂

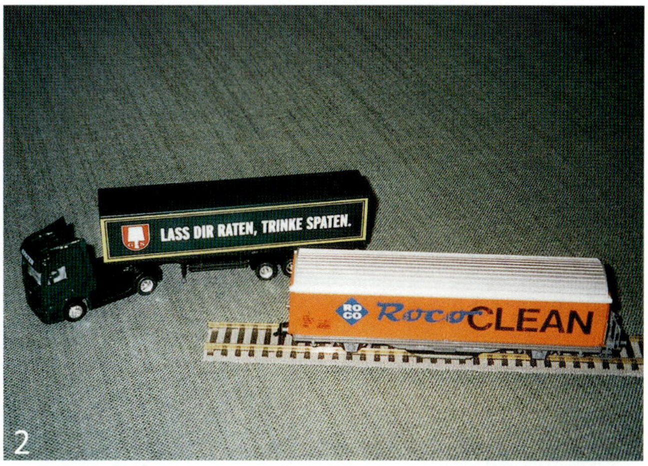

Bild 1: Rocos aktueller Schienenreinigungswagen 46400

Bild 2: Werbetruck einer Brauerei und ein älterer Roco-Clean-Wagen

Bild 3: Die beiden Fahrzeuge werden zerlegt und neu kombiniert.

Bild 4: Das Ergebnis ist ein Containertransportwagen, der im Zugverband nicht mehr auffällt.

Tarnung für Rocos Schienenreinigungswagen

Deckeltausch

Über das grelle Design des Roco-Schienenputzers hat sich schon so mancher geärgert. Dabei ist Abhilfe einfach.

Mit seinem federnd angebrachten Schleifstück, das im Wesentlichen dem „Schienenreinigungsgummi" entspricht, ist der „Roco-Clean"-Wagen an und für sich ein sehr praktisches Fahrzeug. Bei regelmäßigem Einsatz erfüllt es seinen Zweck und hält die Schienenköpfe schön sauber.

Den Wagen gibt es mit einer auffälligen Lackierung, früher Blau-Orange, heute Blau-Silbergrau, mit der er aus dem übrigen Fahrzeugpark hervorsticht. Die auffällige Werbebeschriftung trägt ihren Teil dazu bei. Da Farben und Schrift das Gesamtbild eines Güterzugs nach meinem Geschmack doch sehr stören, setzte ich ihn ungern im Dauerbetrieb ein. Genau dieser Dauerbetrieb wäre aber der Sinn der Sache mit dem Putzwagen ...

Für Freunde der moderneren Bahn-Epochen lässt sich leicht Abhilfe schaffen: Man nehme einen Schienenreinigungswagen sowie einen Modell-Lkw mit Sattelauflieger. Diese Lkw-Modelle gibt es oft gratis als Geschenk beim Kauf von Bierträgern oder für wenige Euro auf Flohmärkten – sofern es sich nicht gerade um ein rares Fahrzeug handelt, um das sich eine Sammlergemeinde balgt. Zu beachten ist, dass der Auflieger den ganzen Waggonboden abdeckt und nicht zu lang ist. Dann demontiere man das Gehäuse des Wagens. Wie bei Roco meist der Fall, ist es nur aufgesteckt und lässt sich leicht abhebeln. Am Fahrwerk sind keine Änderungen notwendig, auch das Gewicht in der Mitte bleibt. Vom Lkw benötigt man nur das Oberteil des Aufliegers. Leider ist es in der Regel mit dem Fahrgestell verklebt. Daher Vorsicht beim Auseinanderbauen, damit der Lack nicht zerkratzt wird und nichts bricht.

Ganz simpel ist der Zusammenbau des „neuen" Wagens: Der Lkw-Auflieger wird einfach auf das Fahrgestell geklebt. Fertig ist ein gut aussehender Containerwagen. Zwar stimmt die Typenbezeichnung nicht, aber wer sieht das schon bei einem vorbeirollenden Fahrzeug? Alternativ kann übrigens auch ein ganz normaler H0-Container verwendet werden. Allerdings muss dieser dann an der Unterseite aufgeschnitten werden.

Minimal sind Zeitaufwand und Kosten der Bastelei: In einer viertel oder halben Stunde ist die Arbeit erledigt, da im Prinzip nur die Aufbauten getauscht werden. ◂

Bild 1: Die Farbe des Krauthauser-Denkmals (siehe Packungsfoto) ist unpassend und wurde mit Spiritus entfernt.

Bild 2: Ross und Reiter sind grundiert.

Bild 3: Das Denkmal wird graniert mit „Grünspan".

Bild 4: Auf gleiche Weise zur Skulptur umfunktionierte Zirkuslöwen von Preiser dienen als „Torwächter".

Figuren patinieren

Denkmalpflege

Statuen und Skulpturen gehören zum typischen Inventar unserer Städte. Die Zubehörhersteller haben das erkannt und bieten immer mehr Modelle an. Auch diese wollen richtig bemalt sein.

Frisch aus der Schachtel bieten die meisten Modell-Denkmäler ein eher mickriges Bild: Die Farbe stimmt nicht, der Maßstab ebenso wenig. Zumindest Standbilder sind ja in der Regel nicht lebensgroß, sondern ein ganzes Stück überdimensioniert: Man wollte „Titanen" wie Schiller, Bismarck oder Wilhelm Zwo ja gebührend würdigen. Da Modell-Statuen indes gerne auf Preiser-Figuren basieren (beispielsweise Artmasters „Bismarck" oder Preisers „Ludwig II."), fallen sie entsprechend bescheiden aus. Eine Ausnahme ist Krauthausers Ritter-Denkmal, das für H0 gerade die richtige „übermenschliche" Größe hat.

Bemalen ist für praktisch alle Modell-Statuen Pflicht. Lediglich die genannten Artmaster- und Preiser-Produkte kann man lassen wie sie sind. Denn egal ob uralt-Brunnenfigur von Faller oder Krauthausers Weißmetall-Ritter: Die Farbgebung ab Werk passt nicht.

Im Falle des Ritters ist nicht nur der Sockel sandsteinfarben bemalt, sondern auch Reiter und Ross. Tatsächlich wäre eine solche Plastik aber in Bronze gegossen worden, ein Metall, das sich im Kontakt mit Feuchtigkeit rasch eine dunkle Patina zulegt. Oft – aber nicht immer – erscheinen dem Regen exponierte Stellen wie Kanten oder waagrechte Flächen zudem hell-grünblau oxidiert. Der Grad dieser Grünspanbildung dürfte vom Kupfergehalt der Bronze abhängig sein sowie vom Säuregrad des Regenwassers. Nur wo häufig am Metall gerieben wird (etwa an den bei Handauflegen angeblich Glück bringenden Schnauzen der Löwen vor der Münchner Residenz), glänzt das Metall blank. Dem Bemaler kommt dies zupass: Ist die Denkmalfigur grundiert (ich verwende Schwarz mit einem Schuss Ziegelrot), hebt eine Überarbeitung von Kanten und exponierten Stellen in Trockenmaltechnik diese Partien hervor. Der schwarze Klotz wirkt nun deutlich strukturierter und plastischer. Doch Vorsicht: Anders als beim Granieren sonst üblich, ist die Strichrichtung nicht schräg, sondern entsprechend dem Fall des Regens senkrecht. Zudem empfiehlt sich die Verwendung eines Haarpinsels anstelle eines Borstenpinsels.

Für den Steinsockel des Denkmals ist ein Anstrich in passender Farbe sinnvoll. Beim Krauthauser-Ritter war es „Sandstein" von Heki. Ob man auch ihn patiniert, ist Geschmackssache. Die Widmungstafel für das Denkmal (hier für eine südwestdeutsche Rittervereinigung des späten 14. Jahrhunderts) entstand am Computer. ◂

Arbeitshilfe für den Anlagenbau

Ein Stehpult

Oft braucht man beim Anlagenbau Vorbereitungs- und Ablageflächen. Mit fortschreitender Gestaltung finden diese jedoch keinen Platz mehr auf der Anlage. Eine passende mobile Vorrichtung lässt sich allerdings leicht selbst bauen..

Oft muss direkt auf der Anlage das Material für Landschaft oder Straßenbau genau eingepasst, also mehrfach mittels Teppichmesser, Skalpell o.Ä. nachgearbeitet werden. Ist der Modellbau weit fortgeschritten und auf der „Platte" kein Platz mehr, kann es sehr umständlich und nervenaufreibend werden, ständig zum Arbeitstisch und zurück laufen zu müssen.

Die Materialien für eine stehpultähnliche Arbeitshilfe sind sehr einfach: Eine Holz-Grundplatte 40 x 24 x 3 cm, eine Holz-Arbeitsplatte mit 32 x 18 x 2 cm, ein Holz-Standbein 8 x 5 x 110 cm, zwei schwere verstärkte Stahlwinkel 65 x 90 x 2 mm mit entsprechenden Spaxschrauben 4 x 35 mm und zwei Holz-Senkschrauben 6 x 80 mm.

Das Standbein wird mit den beiden Winkeln und Schrauben mittig auf der Grundplatte befestigt, die Arbeitsplatte oben direkt mit den beiden Schrauben mittig mit dem Standbein verschraubt. Die Gesamthöhe sollte auf die Größe des Modellbahners zugeschnitten sein, um ein ermüdungsfreies Arbeiten zu ermöglichen (Rücken!). Wird sehr viel mit Klingen geschnitten, kann eine weitere dünne Kunststoffplatte aufgelegt werden. Für den Gleisbau wird zusätzlich eine 75 x 25 x 1 cm lange Platte auf die Arbeitsplatte aufgesetzt.

Die Arbeitshilfe kann außerdem als vergrößertes Ablagetablett für Büsche, Foliage, Moos, Streugut usw. verwendet werden. So lassen sich z.B. Farbentscheidungen leicht an Ort und Stelle treffen, ebenso die Größen von Bäumen vergleichen. Auch Material und Werkzeug (Pinzetten, Kleber usw.) sind stets zur Hand.

Beim Betrachten der Züge und der Landschaft in Ruhe aus der Nähe wird die Arbeitshilfe zur bequemen Stütze für Hände oder Arme (mit oder ohne Kissen). Natürlich lässt sich das Teil auch transportieren und an jedem beliebigen Platz neben der Anlage postieren. ◂

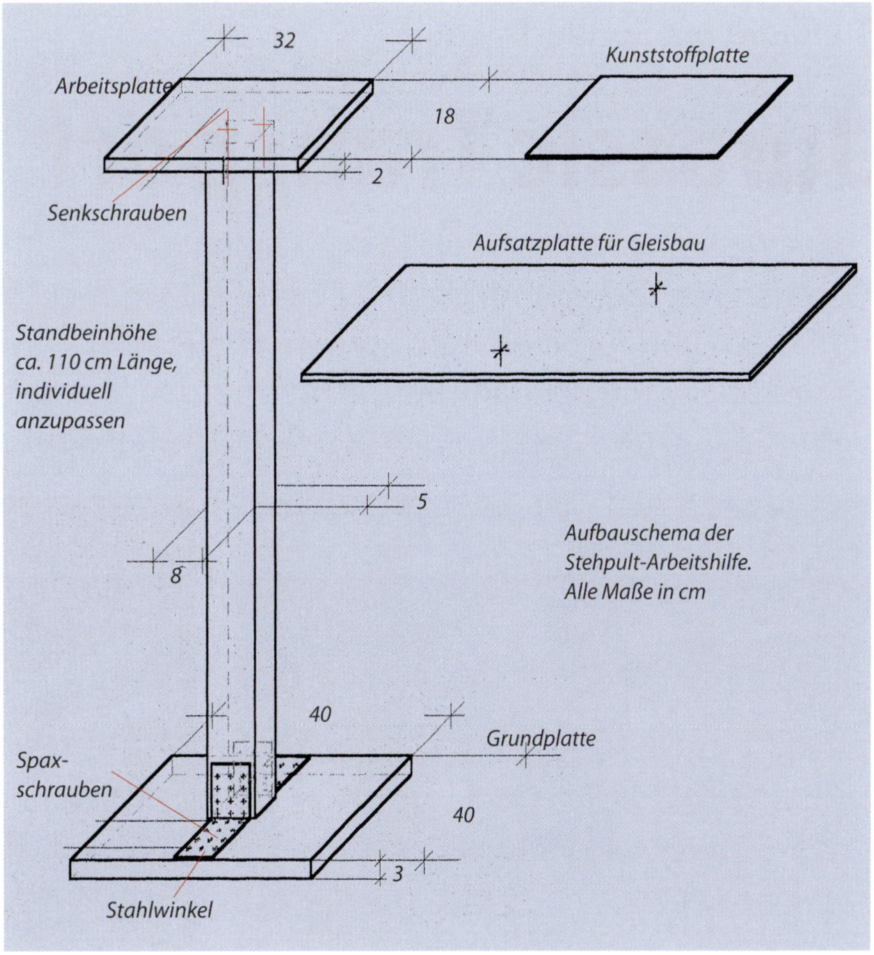

Aufbauschema der Stehpult-Arbeitshilfe. Alle Maße in cm

Tieflader mit Sonderfracht

Jurassic Transport

Leere Wagen wirken langweilig, weswegen das Geschäft mit Ladegütern boomt. Doch wieso immer nur Kisten und Turbinen transportieren? Auch ein Dinosaurier kann per Bahn verfrachtet werden. Korrekt verpackt und gesichert, wird er zum Modell-Highlight.

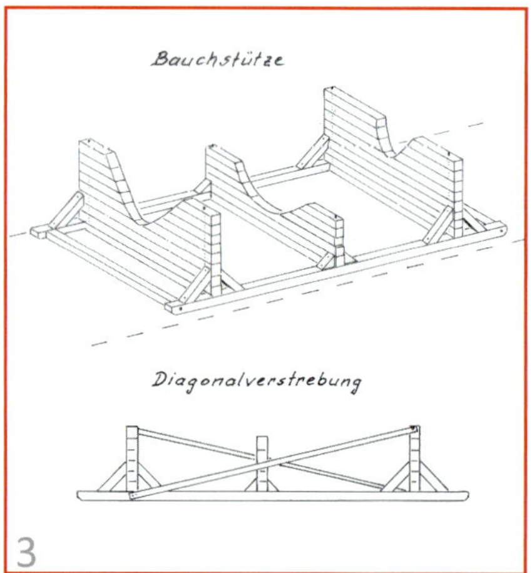

3

1

2

Bild 1: Dieses lebensgroße Modell eines Triceratops war im Frühjahr 2006 im Münchner Tierpark Hellabrunn zu sehen. Zum Vergleich: Das Mädchen ist 135 cm groß.

Bild 2: Das Resinmodell des Triceratops ist sauber und blasenfrei gegossen. Nacharbeiten sind nicht nötig.

Bild 3: Prinzipzeichnungen eines hölzernen Ladegestells für voluminöse Frachten. Es ist für Saurier verwendbar, aber auch für Turbinen, Generatoren usw.

Bild 4: Beim Arrangieren der Fracht auf dem Tieflader kommt man auf die verrücktesten Ideen: Triceratops ist Vegetarier!

Bild 5: Nicht nur durch seine Fracht ist der Roco-Tiefladewagen ein auffälliges Fahrzeug, sondern auch durch seine Länge.

4

5

Die Idee, einen Saurier als Ladegut zu verfrachten, kam mir im Frühjahr. Damals sah ich ein Zeitungsfoto, das einen ganzen Konvoi Sattelschlepper-Lkw zeigte, vollgepackt mit Urzeitechsen. Ziel war ein Freizeitpark in Sachsen.

Was auf der Straße transportiert werden kann, geht auf der (Modell-)Bahn schon lange. Im Falle des Sauriertransports steckt der Teufel freilich im Detail. Das beginnt schon beim Saurier selbst: Zwar gibt es eine Menge Nachbildungen dieser Tiere, doch erwiesen sie sich ganz schnell als viel zu groß. Immerhin muss man als Modellbahner ja stets das Umgrenzungsprofil für Wagen und Fracht im Auge behalten. Was es an ausreichend kleinen Sauriern zu kaufen gab, waren spielzeughafte Gummi-Kreationen, die aus der Nähe gesehen eher abschreckend wirkten. Über die Zeitschrift Modell-Fan stieß ich auf die Firma „Urzeitshop" in Duvensee, einen auf Fossilienrepliken und Sauriermodelle spezialisierten Händler (www.Urzeitshop.de). Zwar finden sich auch in seinem Angebot keine H0-Tiere, aber zumindest einige in 1:72.

Nun begann die Messerei und Rechnerei: Waggon und Ladung dürfen in H0 ab Schienenoberkante höchstens 57 mm hoch sein und 46 mm breit. Welcher Saurier passt auf welchem Wagen in diese Maße?

Wenigstens die Wahl des Fahrzeugs war leicht. Wegen des Platzes kam nur ein Tieflader in Frage, und da ist das Angebot in H0 sehr begrenzt: Märklins Veteran ist nicht mehr zeitgemäß, Limas Modell nicht lieferbar und Fleischmanns Achtachser zu groß. Brawas Länderbahntyp passt zwar in der Größe, wirkt für ein Motiv der Epoche III/IV aber zu archaisch. Blieben noch der Zweiachser von Fleischmann und der Sechsachser von Roco. Für das Gewicht eines angenommenermaßen aus Kunststoff oder Fiberglas gefertigten hohlen Ausstellungs-Sauriers reicht eigentlich der Zweiachser völlig. Unpraktischerweise aber ist er zwischen den Längsträgern offen, was einen Holzboden nötig macht, damit die Ladung nicht aufs Schotterbett fällt. Also fiel die Wahl auf Rocos Modell des SSt 49 der DB, den es auch als DR-Fahrzeug gibt (47740 bzw. 47741).

Wie beim Transportfahrzeug fiel die Entscheidung über das Ladegut im Ausschlussverfahren: Weg fielen alle Tiere, die von Haus aus zu hoch waren (also etwa der bekannte Tyrannosaurus Rex) oder bei denen aufgrund der gewählten Pose ein Körperteil überhängen würde (beispielsweise der Schwanz). Flug- oder Kleinsaurier kamen ebenfalls nicht in Betracht, schließlich soll das Modell ja etwas hermachen. So kam ich fast automatisch zum Triceratops, ebenfalls eine sehr bekannte Spezies. Ein Pflanzenfresser zwar, aber wegen seiner drei mächtigen Hörner ausreichend imposant.

Was niemand kennt

... ist die Hautfarbe eines Sauriers. Alle Überlegungen dazu sind reine Spekulation. Das Exemplar im Film „Jurassic Park I" ähnelt in Farbe und Struktur seiner Haut einem Elefanten – keine schlechte Wahl, handelt es sich doch bei beiden Tieren um Bewohner offener Graslandschaften. Weil das Braungrau des Film-Sauriers mir aber zu düster erschien, habe ich meinen etwas heller gestaltet.

Mit dem Airbrush wurde er zunächst ganz mit hellem Grau lackiert, dann die Oberseite und teilweise auch die Flanken schlammfarben (von Revell). Dann bekamen alle Körperteile ockerfarbiges Pigment (von Noch) aufgepinselt, der Rücken auch etwas schwarzes. Nach einer Dusche mit mattem Klarlack habe ich schließlich alle Hornteile (Schnabel, Hörner, Kragenspitzen) grau abgesetzt. Etwas schwarzes Pigment betont die Hornspitzen.

Das zuvor mit einem Laubsägeblatt etwas erweiterte Maul des Tieres wurde rotviolett angemalt. Die Augäpfel bekamen einen weißen Anstrich und mit einem feinen

6

7

8

9

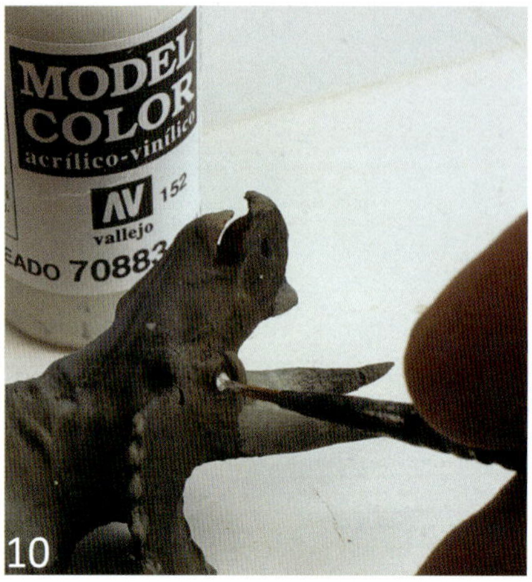

10

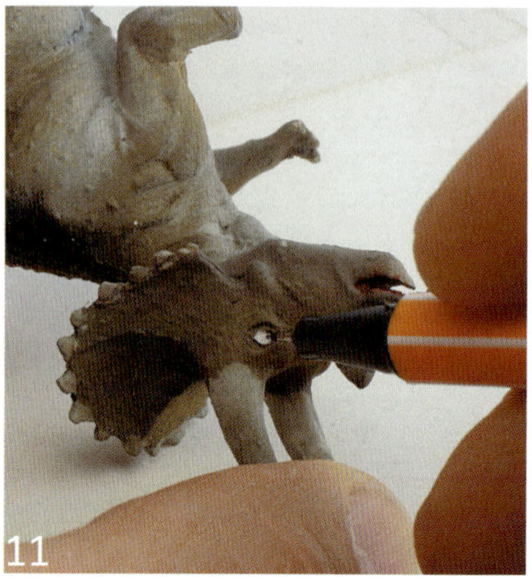
11

Filzstift schwarze Pupillen aufgetupft. Zum Abschluss habe ich den Triceratops wieder mit Klarlack eingesprüht und damit grifffest gemacht.

Richtig verladen

Die Bahn hat im Laufe der Zeit manch ungewöhnliches Ladegut transportiert. Dokumentiert sind beispielsweise präparierte Wale und U-Boot-Teile. Saurier dürften da ebenfalls kein größeres Problem darstellen, vor allem nicht solche aus Kunststoff.

Tatsächlich produzierte Christian Gerecht, unser Mann vom Fach, schon nach kurzem Studium seiner DB-Vorschriften zwei Prinzipskizzen fürs Ladegestell: Zwei Balken – im Modell aus 2x2-mm-Leistchen gesägt – in Längsrichtung bilden die Basis. Sie sind an den Enden abgeschrägt und so der Rundung des Wagens angepasst. Nahe den Enden verbinden zwei dazwischengenagelte Quer- die Längsbalken. Hals und Schwanzansatz des Triceratops sind durch Balken abzustützen. Eine dritte Stütze für den Bauch kann eingefügt werden, muss aber nicht. Unterhalb der Stützen sind wieder Querbalken eingefügt. Schräg angenagelte kurze Holzstücke sowie seitliche diagonale Leisten schützen die Balkenpakete gegen Abknicken, Keile an Schwanz, Hals und Füßen gegen seitliches Verrutschen. Zusammengehalten werden die Balkenstapel durch senkrechte Gewindestangen. Sie lassen sich im Modell leicht durch Drahtstückchen (Durchmesser ca. 0,3 mm) nachbilden. Für die daraufgedrehten Schraubenmuttern habe ich Blumenköpfe aus dem Set 1206 „Tulpen" von Busch verwendet. Sie passen nicht nur tadellos auf den Draht, sondern wirken schwarz lackiert durch ihre leicht gezackte Form sehr echt. Wer die Ausgabe für die Busch-Blumen scheut, kann auch ein passendes Röhrchen zuschneiden oder es mit einem Kleckschen dickflüssigen Klebstoffs versuchen (Sekundenkleber-Gel oder Zweikomponentenkleber).

Um eine Ladung auf ihrem Untergestell zu fixieren, hat man in der Epoche III die Wahl zwischen Seilen und Spanndrähten. Erstere sind aber nur für Ladungen bis 1,5 t zugelassen. Der Kunststoff- oder Fiberglas-Saurier dürfte leichter ausfallen. Am Holzgestell befestigt werden Stricke und Drähte mit Krampen.

Um sie in H0 darzustellen, bohrt man pro Befestigungsstelle zwei Löchlein ins Holz (etwa 0,3 mm) und fädelt von unten durch eines ein Stück schwarz angemalten dünnen (Litzen-)Draht. Dann fixiert man diesen mit Sekundenkleber, biegt den Draht und schiebt ihn durchs andere Loch zurück. An der entstandenen Schlaufe lässt sich nun das Bindematerial befestigen.

Lademeister Gerecht empfielt für den Triceratops fünf Verspannungen, damit das Tier rutschfest auf seinem Ladegestell sitzt. Nach zwei wenig begeisternden Versuchen mit lackiertem Litzendraht (lässt sich nicht spannen) und Nylonfaden (zu dünn, plastikhaft) habe ich mich für eine Seilverzurrung entschieden. Dafür habe ich mit Kaffee beige eingefärbte Fäden einer Mullbinde verwendet, mit denen ich schon bei anderen Bastel-Verzurrungen gute Erfahrungen gemacht hatte.

Wer sich für Drähte entscheidet, sollte nicht vergessen, an Kanten und Knickstellen kleine Holzplättchen unterzuschieben. Sie werden beim Vorbild verwendet, um Kratzer und Scheuerstellen zu vermeiden.

Eine Quersicherung des Ladeguts auf dem Wagen ist beim Vorbild fast unnötig: Im vergleichsweise geruhsamen Eisenbahnbetrieb der Epoche III/IV waren die Querkräfte zu vernachlässigen. Im Zweifel genügten ein paar zwischen Transportrahmen und Wagen genagelte Holzkeile. Die Sicherung in und gegen die Fahrtrichtung übernahmen die ja am Träger abgestützten Längsbalken des Gestells. Tiefladewagen dürfen ohnehin nur vorsichtig rangiert werden: Ablaufberge sind für sie tabu. ◂

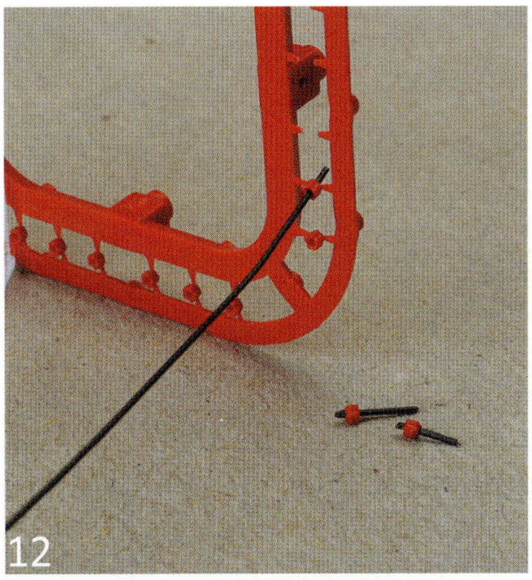

Bild 6: Beim Patinieren des Tiefladers sollte man behutsam vorgehen: Die Wagen waren gewöhnlich gut gepflegt.

Bild 7: Mit dem Airbrush lässt sich der Triceratops gut lackieren.

Bild 8: Der Bauch des Tieres wurde hellgrau grundiert. Rücken und Seiten bekamen eine braunolivfarbene Färbung.

Bild 9: Pigmentfarben bringen weitere Farbtöne auf die Haut. Hornpartien werden mit dem Pinsel eingefärbt.

Bilder 10, 11: Augen schminken

Bild 12: Gewindestangen entstehen aus Tulpenköpfen von Busch mit 0,3-mm-Stahldraht

Bild 13: Passende Löcher im Balken

Bild 14: Je ein lackierter und unlackierter Stangenkopf mit „Schraubenmutter"

Bild 15: Aus Draht entstehen die Krampen, an denen die Spannseile fixiert werden.

Bild 16: Wagen plus Ladung passen ins Profil.

Bild 17: Die Ladung ist von links ...

Bild 18: ... und von rechts gut gesichert.

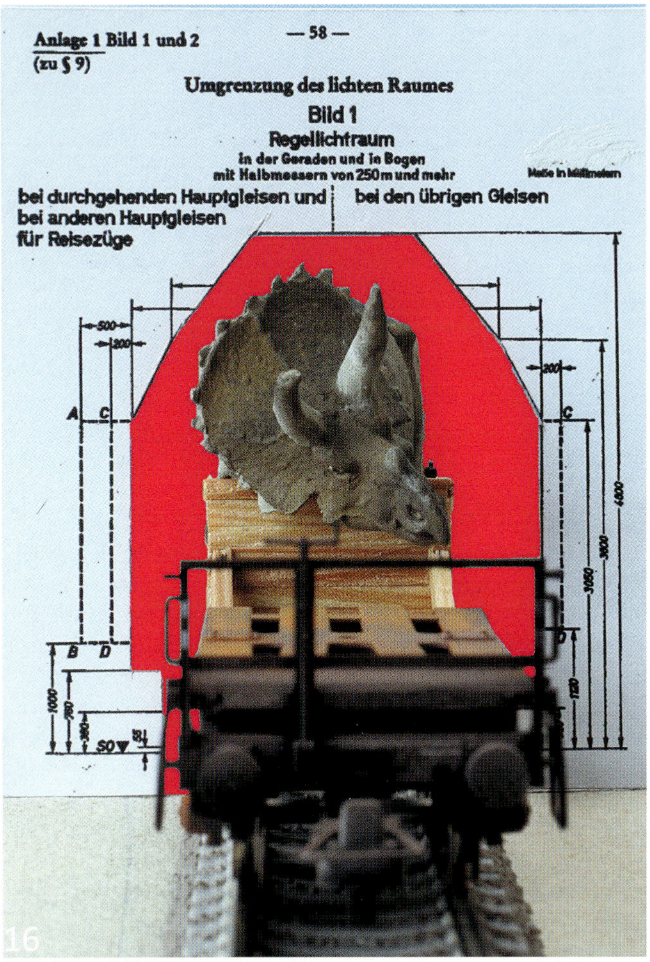

Zugschlusssignal in H0

Rote Laternen

Bis in die 1970er-Jahre hinein setzte die DB Oberwagenlaternen zur Kennzeichnung des Zugschlusses ein. Warum also nicht Epoche-III-Modellgüterzüge entsprechend ausstatten?

Bild 1: Den Wagen zerlegen

Bild 2: Löcher mit 0,7 mm bohren

Bild 3. Passend gebogene Laternen einsetzen

Bild 4. Von innen verkleben

Bild 5: Drähte für die Schleifer anmessen, biegen und mit Kabel versehen

Bild 6: Schleifer und Gewicht festkleben, Kabel nach innen führen

Bild 7: Gleichrichter ankleben, Widerstände und Kabel anlöten

Zwar verlangte die Signalordnung von 1959 nicht mehr, dass die Laternen von der Zugspitze – also von vorne – sichtbar waren, aber die Signalhalter an älteren Güterwagen befanden sich oben an den Fahrzeugecken und wurden im Betriebsdienst auch genutzt.

Einen Modellwagen mit entsprechenden Laternen auszustatten ist einfach, zumindest solange diese nicht leuchten sollen. Passende maßstäbliche Messing-Feingussnachbildungen sind z.B. bei Weinert erhältlich. Allerdings sind hier noch „fummelige" kleine Schiebebilder zur Darstellung der rot-weißen Laternenseiten anzubringen. Auch beleuchtete Varianten der Messinglaternen sind erhältlich, allerdings ist der Bastelaufwand dann ein ganzes Stück größer.

Die Viessmann-Zugschlusslaternen sind einfacher: Im Kern bestehen sie aus einer roten Leuchtdiode, die in Laternenform geschliffen und dann lackiert wurde. Die Seitenwände sind bereits rotweiß beklebt, sodass hier keine Nacharbeit anfällt. Die Laternen leuchten in die eine Richtung rot, das eigentlich notwendige weiße (bis 1937 gelbe) Signal in die Gegenrichtung fehlt jedoch (die LED ist einfarbig rot). Die Nachbildung kann aufgrund des verwendeten LED-Kerns für DB-Laternen nicht maßstäblich erfolgen (2,8 mm breit und 1,7 mm tief statt jeweils 2,0 mm, die Korpushöhe ist mit 2,6 mm korrekt), ist jedoch durchaus zierlich und wirkt stimmig.

Die Laternen werden paarweise geliefert. Für die elektrische Montage erhält der Kunde zusätzlich zwei Widerstände von je 10 kΩ, einen Gleichrichter und zwei verschiedenfarbig isolierte Drahtlitzenstücke. Der Gleichrichter sorgt dafür, dass die Laternen fahrtrichtungsunabhängig leuchten und gleichzeitig schützt der die LEDs vor einer zu hohen Sperrspannung.

1

2

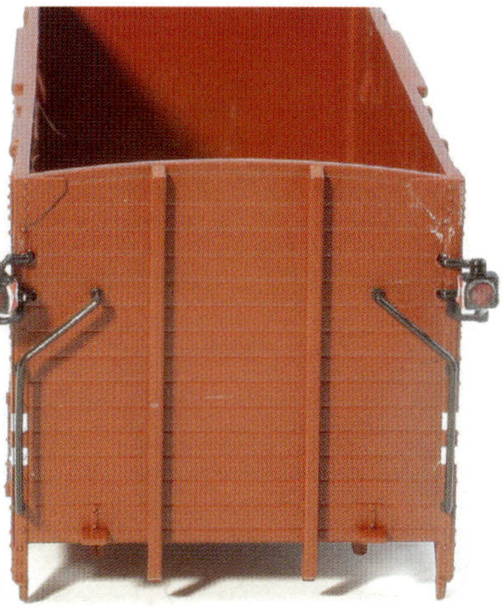

3

4

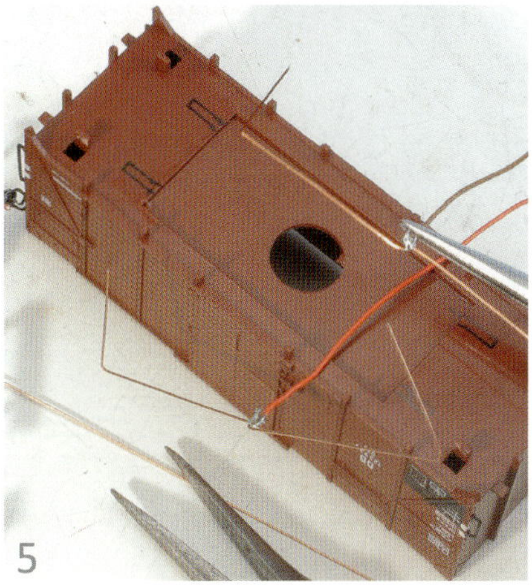

5

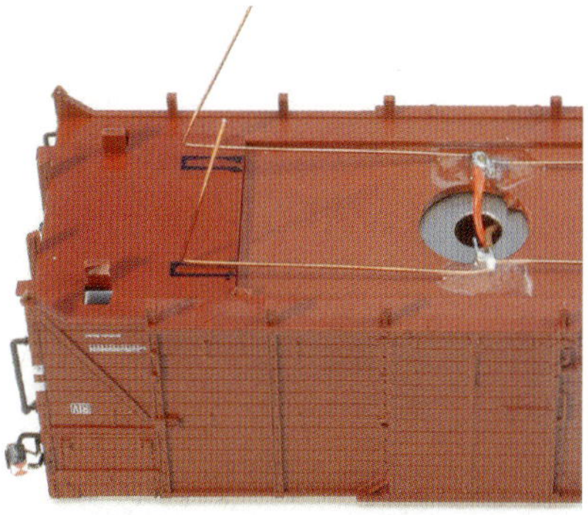

6

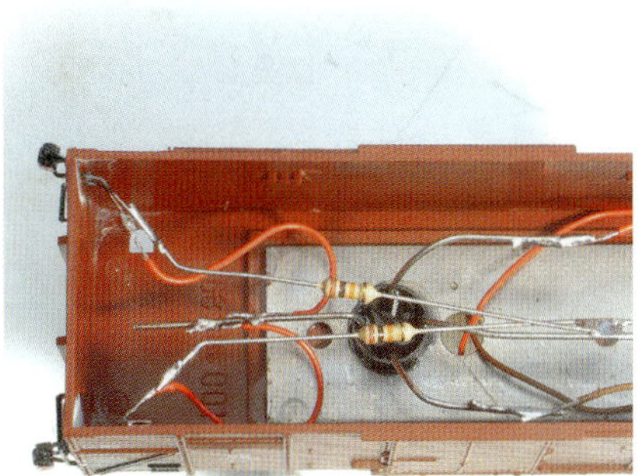

7

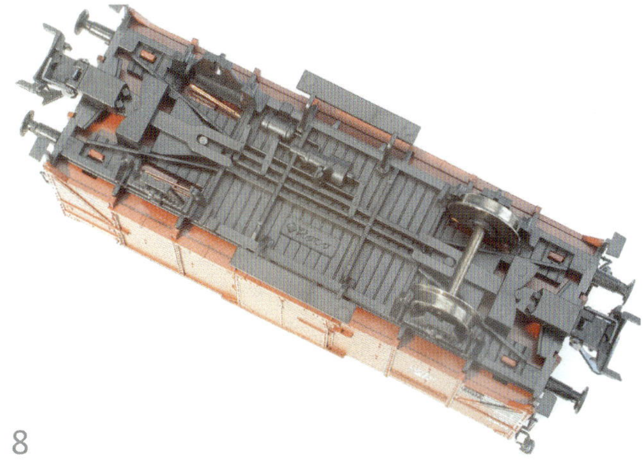

8

Bild 8: Schleifdrähte passend kürzen, Wagenboden und Räder einsetzen – fertig

„Umbauopfer" ist ein Roco-G10 mit Schlussscheibenhaltern an einem Wagenende. Nach Zerlegen des Wagens waren die Durchführungen für die LED-Anschlüsse schnell mit einem 0,7-mm-Bohrer eingebracht. Die feinen Laternendrähte biegt man mit einer spitzen Zange und einer Pinzette passend, führt sie durch die Löcher und fixiert sie von innen mit Sekundenkleber.

Für die Stromabnahme greift man je nach Wagenhersteller und Betriebsart auf vorgefertigte Teile zurück (Mittelschleifer, stromführende Kupplungen) oder man besorgt sich geätzte Schleiferbleche (Internet) oder man improvisiert wie hier gezeigt. Die Stromabnehmer des G10 entstanden aus Sommerfeldts verkupferten (Oberleitungs-)Eisendrähten. Aus ihnen lassen sich passende, leicht federnde Schleifer fertigen, die durch im Wagenboden vorhandene Löcher nach unten bis zu den Radscheiben hindurchragen. Die Beschwerungsplatte des Modells muss dafür vom Zwischengeschoss ins Wageninnere ausweichen, wo ihr ein paar Tropfen Sekundenkleber Halt geben.

Beide Schleifer sind nur in Wagenmitte mit dem Gehäuse verklebt. Hier sind auch die Kabel angelötet und durch das Loch im Boden und im Balastblech nach oben geführt. Im Innenraum sind sie am dort aufgeklebten Gleichrichter angeschlossen (Wechselstromeingang). Dessen beide andere Beine tragen die Widerstände und die Verbindungskabel zu den Laternen. Hier ist auf die richtige Polarität zu achten – LEDs sind polungsabhängig.

Nach dem Zusammenbau des Fahrzeugs sind die passend gekürzten, nun leicht von oben auf die Radscheiben drückenden Drahtenden der selbst gebauten Schleifer nicht mehr zu sehen und der Wagen kann mit roten Oberwagenlaternen auf die Reise gehen. ◂

Maßstäbliche Lampen in H0 und N

Moderne Lichttechnik

Die Proportionen vieler H0- und N-Lampen stimmen vorne und hinten nicht. Einige Hersteller geben dies auch offen zu. Mit Hilfe moderner LEDs lässt sich nicht nur eine Menge Strom sparen (und damit eventuell ein Trafo), auch maßstäbliche Leuchten kann man selbst gut mit ihnen bauen.

Die grundlegende Arbeit ist immer die gleiche: Eine Weiß- oder Warmton-LED wird mit einer Nagelfeile zugeschliffen. Für H0 eignen sich 5-mm-LEDs, die je nach Bedarf in Vier- oder Sechskantform gebracht werden. Für N kommen 3-mm-LEDs in Frage, hier dürfte wegen der geringen Größe ein viereckiger Grundriss leichter zu bewerkstelligen sein. Zu den Anschlüssen hin lässt man die Form sich etwas verjüngen.

Oben wird dem Dach etwa im 30°-Winkel eine Spitze gegeben. Darauf klebt man mit Sekundenkleber ein weißes Stückchen Papier. Dies erhöht die Leuchtkraft innerhalb der LED nach unten. Dann schneidet man dieses Dach mit einer kleinen Schere vier- bzw. sechseckig zu. Nun den Anstrich in Grün oder Schwarz aufbringen und gut durchtrocknen lassen. Die dünnen Halteleistchen der Laternengläser imitiert man am besten, indem man mit einem feinen schwarzen Permanentmarker die neu geschaffenen Kanten der LED nachzieht.

Ecklaterne in H0

Die LED wird wie beschrieben vorbereitet, zusätzlich aber unten um etwa 1 mm kürzer gefeilt. Die beiden Anschlüsse (Anode und Kathode) dienen als Laternenhalter. Dazu werden sie mit einer kleiner Flachzange in einen Winkel von ca. 30° gebogen.

Diesen Winkel zeichnet man auf einem Holzbrett ab und steckt ihn mit N-Schienennägeln aus. Zwischen diesen Nägeln zieht man S-förmig einen dünnen Lackdraht durch. Er wird danach als Versteifung und Zierde mit Sekundenkleber zwischen die Drähte geklebt. Hat man Halter und Laternendach grün oder schwarz lackiert, ist die Laterne im richtigen Maßstab fertig zum Einbau. Dabei aber keinesfalls den Vorwiderstand vergessen!

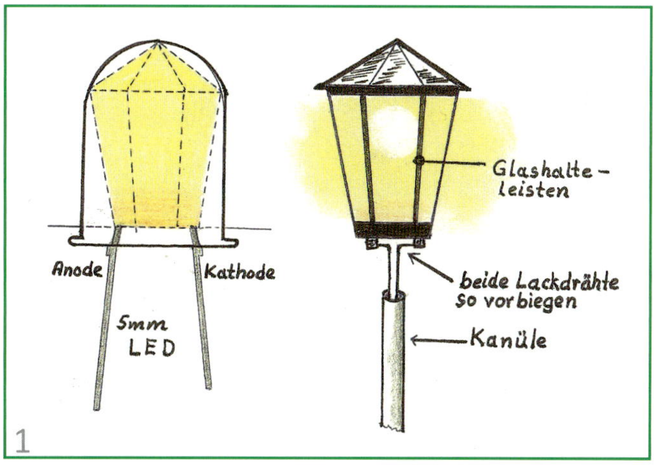

1

Bild 1: Die Vorgehensweise beim Bau der H0-Eck- und -Straßenlaternen. Links das Schema, wie der sechseckige Laternenkörper aus der LED zu feilen ist. Rechts die weitere Ausstattung

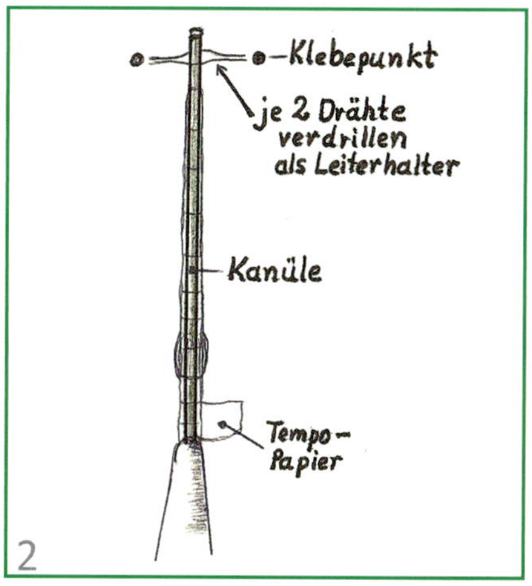

2

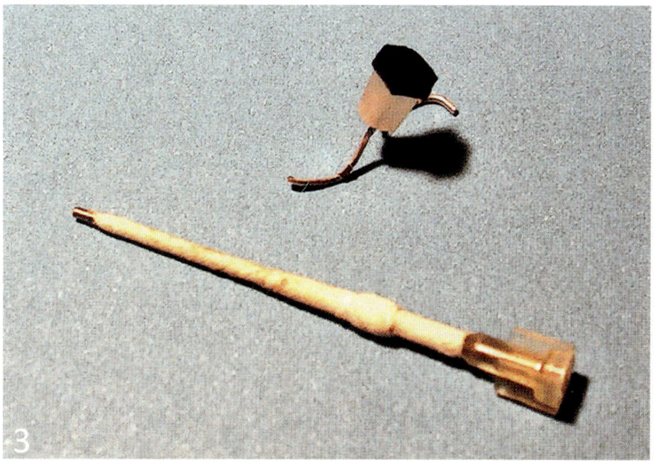

3

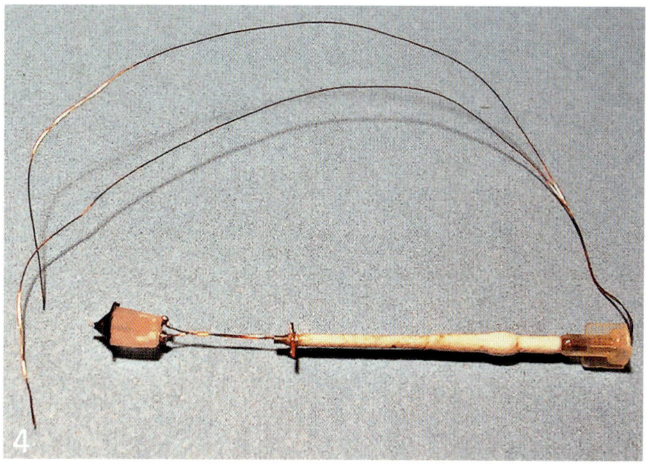

4

Bild 2: Der Bau des Lampenmasts. Als Kern dient eine Kanüle, um die das feine Papier eines Papiertaschentuchs gewickelt wird.

Bild 3: Der Kopf einer Straßenlaterne und der dazugehörige Mast

Bild 4: Durch die Kanüle fädelt man den an die LED gelöteten Lackdraht.

Bild 5: Eine noch nicht lackierte, aber sonst fertige Straßenlaterne beim Leuchttest. Klein eingeklinkt die Laterne im ungefähren Maßstab 1:1.

Bild 6: Die Materialien der N-Lampen: (Injektionsnadeln, N-Weichenspule und 3-mm-LEDs) sowie eine fertige Laterne

Bild 7: Eine fertige Selbstbau-Laterne in N

5

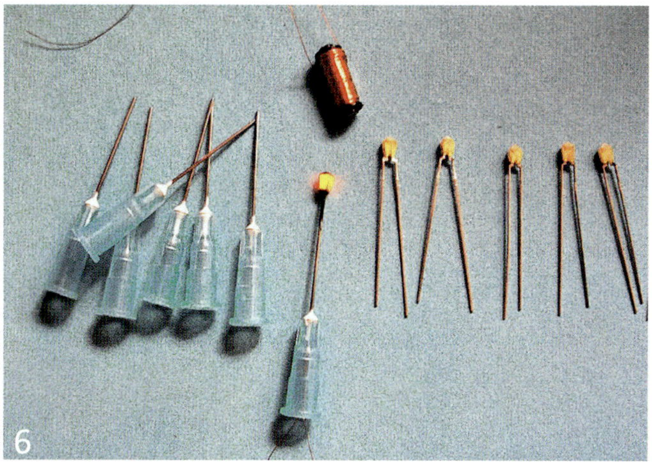

6

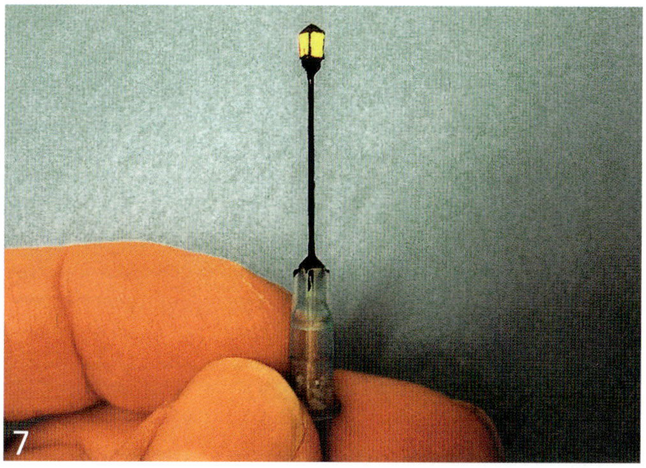

7

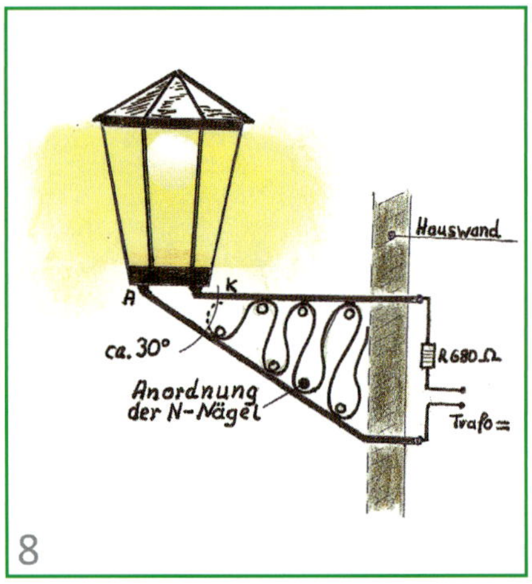

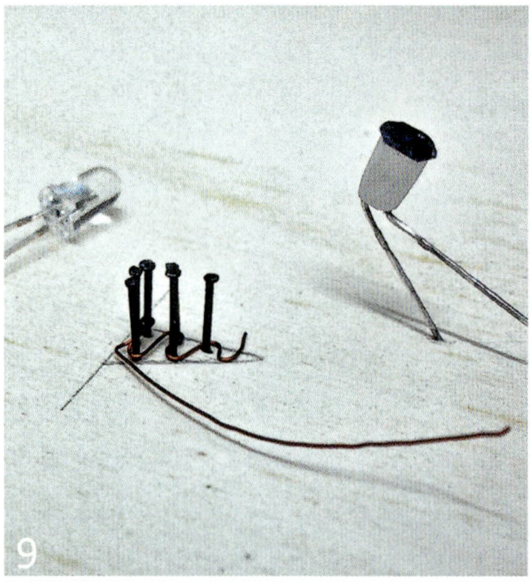

Bild 8: Die Bauskizze zur Eckleuchte

Bild 9: Eine angeschliffene LED, eine halbfertige Laterne und die Biegelehre

Bild 10: Die Biegelehre ohne Nägel und eine fertige Laterne vor dem Lackieren

Bild 11: Eine fertige Eckleuchte, hier an einem N-Haus montiert. Es geht also auch im kleinen Maßstab, nicht nur, wie im Haupttext beschrieben, in H0.

Bild 12: Die Baustufen der N-Laterne. Sie entsprechen weitgehend denen des H0-Pendants.

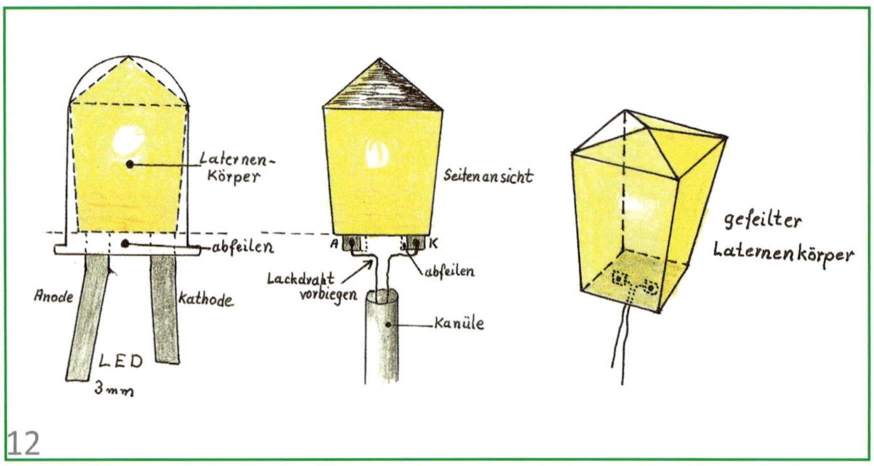

Straßenlaternen in 1:87 ...

Die Herstellung des Laternenkörpers der Straßenlaternen in 1:87 geschieht wie die der Ecklaterne. Allerdings werden hier die beiden Drähte bis auf etwa einen Millimeter abgekniffen. An die Enden lötet man je 20 cm Lackdraht. Von einer 4,5 cm langen Spritzenkanüle aus der Apotheke wird die spitze Seite glatt gefeilt und entgratet. Das Innere lässt sich mit einem Stahldraht säubern. Dann teilt man ein Papiertaschentuch in seine drei Lagen und reißt aus einer davon einen ca. 1 cm breiten gleichmäßigen Streifen. Mit der Risskante nach oben wird nun die Kanüle so umwickelt, dass sie nach unten immer dicker wird. Dünnflüssiger Sekundenkleber fixiert die Wicklung. Aus je zwei Lackdrähten links und rechts entstehen die Leiterhalter. Sie erhalten an beiden Enden einen Tropfen Kleber als Abschlusskugel.

Führt man die Lackdrähte mit dem angelöteten Laternenkörper in die Kanüle ein, ist besonders darauf zu achten, dass der Lackdraht seine Isolierung behält und wie auf der Zeichnung oben vorgebogen wird. Mit einem Tropfen Zweikomponentenkleber klebt man die LED mit den Drähten auf der Kanüle fest. Nach dem Trocknen sollte unbedingt eine Leuchtprobe gemacht werden – wieder den Vorwiderstand nicht vergessen! Funktioniert die Lampe, fehlen nur noch der Anstrich und die Glashalteleisten. Ins Original umgesetzt würde eine solche Modell-Laterne gut 45 cm breit und 65 cm hoch sein.

... und in 1:160

Für eine Laterne in 1:160 wird eine gelbe 3-mm-LED wie bei der H0-Laterne beschrieben zugefeilt, allerdings mit rechteckigem Grundriss. Auch ist der Raum zwischen Anode und Kathode breiter zu feilen. Die Anschlüsse werden wieder bis auf einen lötfähigen Rest abgekniffen mit einem 9-V-Lötkolben behutsam Lackdrähte angelötet. Solche Drähte finden sich z.B. auch in N-Weichenantrieben – kaputte also aufheben! Als Laternenmast eignet sich in N eine 2,5 cm lange Kanüle (blauer Steckfuß). Nach dem Trocknen des Anstrichs kann man die Laterne in variabler Höhe im Biergarten, im Park, an der Bushaltestelle und sonstwo einbauen. In der Größe passt sie immer dazu. ◂

Bild 1: Die Talbot-Wagen von Fleischmann (vorne) und Roco. Letzterer wird mit einem Einsatz geliefert, der Schotter darstellen soll.

Bilder 2 – 10: 2: Die Randleiste des Trichters wird entfernt; 3: Die Kante des Trichters wird dünner geschabt; 4: Die Schieberbleche werden braun grundiert. 5: Per Airbrush bekommen Fahrwerk und Aufbau eine rostfarbene Patina. 6: Der Trichter erhält einen blechfarbenen Anstrich, der an den Kanten und auf dem Schutzblech unregelmäßig ausgeführt wird. 7: Auch auf den Rutschen und Schiebern tritt per Farbe „das Blech" zum Vorschein. 8: Pulverfarben bilden den Rost auf dem Blech nach. Zunächst wird dunklere Farbe aufgepinselt, ... 9: ... dann helle. Überschüssiges Pigment kann man mit einem feuchten Lappen abwischen. 10: Auch die Rutschen bekommen ihre Portion Rost ab.

Fahrzeuge patinieren

Blankes Blech

Wo Steine fallen, bleibt beim Vorbild vom Schutzlack, den die Kfz-Hersteller bei Neuwagen aufgetragen hatten, bald nichts mehr übrig. Dennoch sind Kieswagen – oder auch die Kipper von Lkws – im Modell innen sauber lackiert. Jedoch lässt sich nacktes Blech mit Farben leicht nachbilden

Die zweiachsigen Talbot-Schotterwagen von Fleischmann und Roco sind dankbare Modelle: Durch ihre geringe Länge bekommt man schnell viele Achsen in einen Güterzug, sie fallen optisch auf und man kann sie beladen und unbeladen einsetzen. Zwar hat speziell das Roco-Modell eine ganze Reihe von Fehlern gegenüber dem Vorbild, doch kann man mit diesen ganz gut leben. Für den, den es interessiert, hat Stefan Carstens in Band 4 der Miba-Güterwagenbücher „eine ganze Latte" an Verbesserungsvorschlägen aufgelistet. Einer davon wird hier übernommen: Der Roco-Wagen verliert per Messer die von den ÖBB stammende Aufsetzleiste. Danach wurden die oberen Kanten des Trichters abgeschabt. Das macht nicht nur die Wände schmaler, die ungleichmäßige Kante lässt den Trichter auch etwas verbeult wirken. Wer es glatt mag, muss feilen und schleifen.

Für die Bemalung braucht man die Wagen nicht zu zerlegen. Rocos Modelle sind zwar relativ vielteilig, da die diversen Schieberbleche einzeln angesteckt sind, doch kommt man mit dem Pinsel gut an die wichtigen Stellen heran. Verwendet man einen Airbrush, wäre es aber gut, Achsen und Kupplungen zu entfernen, um Laufflächen bzw. Mechanik vor Farbe zu schützen.

Als Erstes werden die schwarzen oberen Schieber braun grundiert. Dann folgen die Zettelkästen (weiß auslegen) und an den Fleischmann-Modellen die Bremsumstellhebel (rot mit weißem Schild darunter). Anschließend habe ich mit dem Faller-Airbrush Fahrgestelle und Rahmen in zwei Tönen leicht eingerostet. Die Bremsbacken wurden extra mit dem Pinsel rostrot nachgezogen.

Dann kam die eigentliche Aufgabe, die Blechdarstellung, dran. Talbot-Wagen dürften in aller Regel Gleisschotter trans-

portiert haben, vor allem bei der DB. Der ist relativ scharfkantig, aber klein. Rasseln die Schottersteine in den Trichter oder über die Schüttrutschen nach unten, dürfte die Schabewirkung beachtlich sein. Lange hält das kein Lack aus, das blanke Stahlblech tritt hervor.

Blankes Blech simulieren

Daher wurden die Innenseite des Trichters, die Schütten und die Schieberbleche mit Super-Enamel 53 von Humbrol gestrichen. Diese Farbe bildet die leicht glänzende Oberfläche von Blech erstklassig nach, wirkt aber etwas dunkel. Zur Aufhellung habe ich daher ein wenig Alu-Farbe Nr. 56 desselben Herstellers dazugemischt. Auch die Schutzbleche über den Bremserbühnen wurden teilweise mit dieser Farbe bedacht.

Liegt Blech blank, rostet es schnell. Der Abrieb des Schotters sorgt aber dafür, dass sich der Rost nicht richtig festsetzen kann. Für diese dünne, nur teilweise vorhandene Rostschicht eignen sich an erster Stelle Pulverfarben (Pigmente). Ich habe zuerst dunklen, dann hellen Rost aus dem Patina-Set 61166 von Noch aufgepinselt, und zwar oben im Trichter deutlich mehr als unten. Pinselt man, bevor die „Blech"-Farbe ganz trocken ist (also nach etwa zehn Minuten), spart man sich das Grundieren: Die Pigmente haften im noch etwas weichen Lack. Eine Schicht Schutzlack darüber ist eigentlich nur nötig, wenn auch andere Wagenteile mit den Pigmentfarben behandelt wurden und/oder das Fahrzeug eine neue Nummer aus dem Gassner-Sortiment bekommen hat. Überschüssiges Pigment kann man mit einem feuchten Lappen abwischen. Vorsicht: Auf noch nicht ganz abgebundenem Untergrundlack haftet das Farbpulver zwar besser, macht das „Blech" aber stumpf. ◂

Taubenhaus patinieren

Fitnesstest

Oft sind es die eher unscheinbaren Modelle, mit denen sich hübsche Szenen gestalten lassen. Auhagens Taubenhaus ist so eines – aber nicht so, wie es aus der Packung kommt!

Der Bausatz Nr. 11410 von Auhagen (12,50 Euro) enthält außer einem Ziehbrunnen auch ein Taubenhaus, dessen Vorbild in der Nähe von Dessau zu finden ist. Im hauseigenen „Raumzellen-System" ausgeführt, besteht er aus nur vier Hauptteilen, dem Unter- und Obergeschoß sowie Zwischendecke und Dach. Sie zusammenzukleben und dann noch Türe und Fenster einzubauen ist ein Kinderspiel. Interessanterweise ist das Modell „renovierungsbedürftig" gestaltet, mit abbröckelndem Putz, offen liegenden Ziegelmauern und einigen fehlenden Dachpfannen – eine schöne Idee, die auch noch formtechnisch relativ gut umgesetzt ist. Doch leider hat der Kunststoffspritzguss seine technischen Grenzen. Dazu gehört, dass ein Teil gut aus seiner Form lösbar sein muss, vor allem ein großes dreidimensionales, wie z.B. das Stockwerk eines Gebäudes.

Also sind die Ecken des „renovierungsbedürftigen" Taubenhauses glatt wie frisch gemauert, der „bröckelnde" Putz wirkt dort, wo er nicht abgeplatzt ist, wie gerade aufgeworfen und vom Meister selbst nach allen Regeln der Kunst verspachtelt. Auch dem Fachwerk sind, da aufgedruckt, die Jahre nicht anzusehen. Ein Bausatz also, von dem ambitionierte Modellbahner besser die Finger lassen sollten? Mitnichten! Denn wie so oft bringt Farbe den Unterschied.

Als Erstes gilt es, die glatte Oberfläche der Putzteile zu ändern. Will man nicht mit Spachtel in die Vollen gehen, genügt auch, relativ dicke Farbe aufzupinseln. Die Mauerkanten lassen sich mit dem Bastelmesser, einer Feile o.Ä. entschärfen. Man verwende abgetöntes Weiß, hier z.B. „Steingrau" von Vallejo, eine Acrylfarbe. Fach- und Mauerwerk wurden mit überpinselt, anschließend aber gleich freigeschabt. Dazu eignet sich bestens ein Holzstäbchen, das auf der einen Seite flach angespitzt wurde. Abgeschabte Farbe streicht man auf einem Karton ab. Auf diese Weise lassen sich Fachwerkbalken sauber nachziehen. In Mörtelfugen bleibt Weiß übrig und trägt schon einmal dazu bei, eine Farbvariante ins aufgedruckte Beige zu bringen.

Die nächste Runde gehört dem Fachwerk. Braune Farbe, ebenfalls dick aufgestrichen, nimmt den bedruckten Linien den Kunststoffglanz und die allzu ebene Oberfläche. Zudem wird der Ton der Balken-Zwischendecke dem des Fachwerks angeglichen. Das Bemalen des Fachwerks erfordert Geduld, eine ruhige Hand und zwei feine Pinsel. Leicht ist mal daneben gemalt und eine Korrektur nötig, dafür der zweite Pinsel. Das Dach streicht man ineinanderlaufend in Braun- und Ziegeltönen. Mit den gleichen Farben wird behutsam das offene

Bild 1: Auhagens Taubenhaus

Bild 2: Dick aufgepinselte Farbe

Bild 3: Mit einem Holzstab wird überschüssige Farbe entfernt.

Bilder 4, 5: Abgetönte Mauerfugen

Bild 6: Granieren betont auch kleinste Unebenheiten.

Bild 7: Taubenkot aus gebrochenem Weiß

Bild 8: Zack! Eine Taube ist beim Fitnesstest durchgefallen.

Bild 9: Drahtstifte für „fliegende" Vögel

Mauerwerk behandelt. Wer will, kann einzelne Dachpfannen durch reines Ziegelrot als „ausgetauscht" hervorheben.

Jetzt fehlt nur noch der Schmutz: Das Dach wird mit Anthrazit oder Umbra graniert (Dry-brush-Technik), ebenso der Putz. Dies betont Unebenheiten und lässt den Eindruck des frisch Geweißelten verschwinden. Geht man beim Auswaschen des Pinsels nicht allzu gründlich vor, bleibt noch genügend Farbe dran, um dem Mauersockel einen Schatten wie von aufsteigender Feuchtigkeit oder Algen zu verpassen. Nicht zu vergessen der Taubenkot auf dem Dach und an den Fluglöchern: Er entsteht durch vorsichtig aufgetupfte, wiederum relativ dicke Farbe, hier „Elfenbein" von Noch.

Die Bewohner des Turms liefert das Set 10169 von Preiser. Es enthält so etwa 30 beeindruckend fein gestaltete H0-Vögel verschiedener Arten, darunter ein Dutzend Tauben.

Damit die lieben Tierchen nicht so einfach faul auf dem Dach sitzen, habe ich etwas „Action" gestaltet: Ein Habicht – ebenfalls aus der Preiser-Packung und leicht farblich verändert – testet den Taubenschwarm auf Fitness. Prompt hat er einen überfressenen Täuberich erwischt, dessen Artgenossen in Panik davonstieben. Kleine Drahtstifte halten zwei der Tauben optisch in der Luft. ◂

Magnethalterung für Autotransportwaggons

Sicher an Bord

Für den Autotransport auf Modellbahnwaggons gab es bisher nur zwei Alternativen: festgeklebt oder lose – ewig untrennbar oder ewig rutschend. Hier eine Lösung, bei der Modellautos sicher sitzen und dennoch abnehmbar bleiben.

Mit Beginn der Wirtschaftswunderzeit erlebte auch die Autoindustrie einen lang anhaltenden Boom. Das Design der Fahrzeuge in Form und Farbe war damals stark von den USA geprägt, was sich vor allem bei den Ford- und Opel-Modellen widerspiegelte. Für den Transport von den Werken zum Kunden entstanden damals doppelstöckige Autotransportwagen in unterschiedlicher Bauart, darunter die hier als Roco-Modelle verwendeten dreiachsigen Offs 60.

Im Auftrag eines Kunden sollte ich mehrere dieser doppelstöckigen Transporteinheiten mit Brekina-Modellen der Typen Opel Kapitän P 2,6 und Opel Rekord P II beladen – Patinierung inklusive. Vorbild war ein Foto von 1960 im EJ-Exklusiv 1/2010 „Auto-Bahn“ auf Seite 32. Doch wie sollen die Autos auch im Betrieb festen Halt finden und trotzdem austauschbar bleiben?

Kleine Kraftprotze

Nahe lag eine Verbindung mittels Magneten. Diese durften an den Modellen aber möglichst nicht zu sehen sein, weder an den Autos noch an den ja eher luftig gebauten Waggons. Bei der Recherche im Internet stieß ich auf das Metall Neodym, das vor allem für starke Magnete verwendet wird. Von verschiedenen Anbietern gibt es Neodym-Magnete in unterschiedlichen Formen und Größen. Ich habe mir via Internet beim einschlägigen Versender magnets4you (www.magnet-shop.net) Mikromagnete mit einem Durchmesser von nur 2 mm und einer Höhe von 1 mm besorgt.

Nach der Produktbeschreibung halten sie das vergleichsweise sagenhafte Gewicht von 130 g, also deutlich mehr, als ein Modellauto wiegt. Diesen Wert erreichen sie freilich nur bei direktem Kontakt. Sind (wie bei dieser Anwendung) einige Millimeter Luft zwischen den Magneten, nimmt die Haltekraft deutlich ab. Besser wären daher Magnete mit 3 oder 4 mm Durchmesser und 1,5 oder 2 mm Stärke. Sie kosten nur unwesentlich mehr. Ab Werk gibt es die Offs 60-Wagen derzeit nur unbeladen in der Epoche-IV-Version als Laekks 543. Von den Brekina-Modellen, die es hier zu verladen gilt, passen auf jede Ebene vier Stück. Um den Magnet im Wagenboden der Autos zu versenken, wird der Boden mittig aufgebohrt. Dazu sollte man zuvor die Nachbildung der Kardanwelle mit einem Flachstichel oder Skalpell entfernen und den Bohrpunkt mit einer Reißnadel ankörnen.

Bild 1: So war's beim Vorbild: 1960 stand dieser Offs 60 mit acht fabrikneuen Opel Rekord an einer Rampe in Frankfurt.

Bild 2: DerTransportwaggon wird patiniert.

Bild 3: Modelle der Opel-Typen Kapitän P 2,6 und Rekord P II

Bild 4: Die wichtigsten Hilfsmittel: Bohrer, Neodym-Mikromagnete und Zweikomponentenklebstoff

Bild 5: Damit der Bohrer nicht abrutscht und das Auto beschädigt, wird dessen Boden genau mittig angekörnt.

Bild 6: Erst nach dem Vorbohren mit einem 1-mm-Bohrer wird das endgültige Loch gesetzt.

Bild 7: Den bündig zum Wagenboden eingeschobenen Magneten sichert man mit Klebstoff gegen Herausfallen.

Foto: Palm, Slg. Kandler

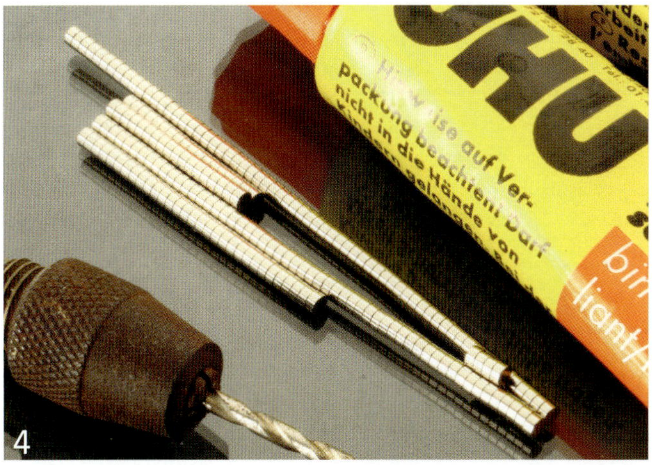

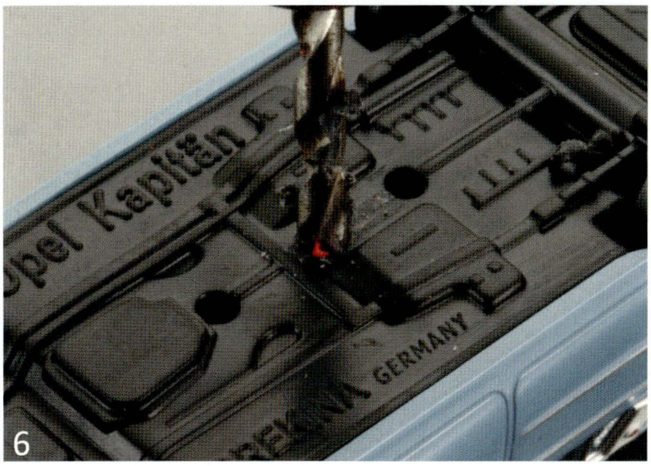

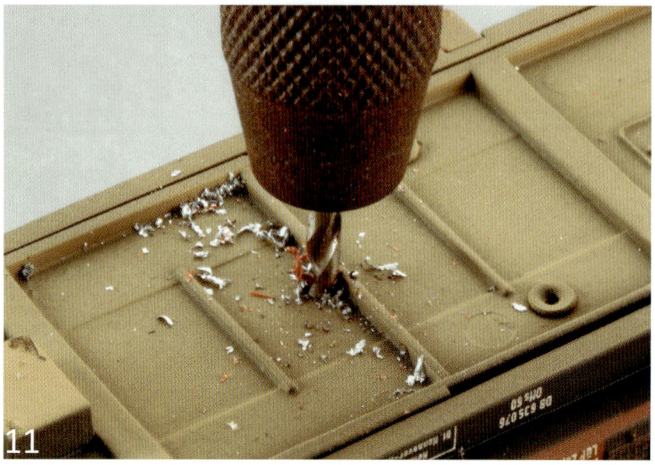

Bild 8: Um die beiden äußeren Haltemagnete der unteren Etage unterbringen zu können, ist die Kupplungskulisse zu entfernen.

Bild 9: Der eingesetzte Magnet, bevor er wieder von der Kulisse verdeckt wird.

Bild 10: Bei den mittleren Bohrungen ist eine Elektrobohrmaschine ratsam, da hier die Ballastplatte durchstoßen werden muss.

Bild 11: Die Magnete für die Fahrzeuge des oberen Decks werden sicherheitshalber mit einem Tröpfchen Kleber gesichert.

Bild 12: Da freut sich die Wirtschaftswunderfamilie: Am Rangierbahnhof rollen Opels prestigeträchtige Wohlstandskarossen im schicken Ami-Look an.

Zum Bohren des weichen Kunststoffes eignet sich am besten ein kleiner Handbohrer. Das Bohren selbst geschieht in zwei Etappen: anbohren mit 1 mm, nachbohren mit 2 mm respektive dem jeweiligen Magnetdurchmesser. Ein Handbohrer ist deswegen empfehlenswert, weil man ruckzuck den dünnen Boden der Autos durchstoßen hat, was durch einen kleinen Ruck spürbar ist. Dann sitzt der Bohrer auf der Unterseite des Inneneinsatzes mit den Sitzen auf und sollte nicht weiterbewegt werden.

Beim Einkleben der Magnete (z.B. mit UHU-Plus) sollte man darauf achten, dass die Pole stets zur gleichen Seite zeigen. Das Einfädeln eines einzelnen Magneten in die Bohrung gestaltet sich als etwas kniffelig, da der Magnet natürlich auch an der Pinzette haftet und sich nicht so leicht abschütteln lässt. Am besten lässt man die Magnete als Stange, sodass quasi die Verlängerung als Halter dient. Markiert man den obersten davon mit einem Edding, ist sichergestellt, dass die Pole stets zueinander passen. Die „Magnetstange" wird so in die Bohrung gedrückt, dass jeweils der unterste Magnet darin verschwindet und festklemmt.

Den Klebstoff gibt man dabei entweder bereits vorher in die Öffnung oder streicht ihn danach über den Magneten. Allerdings ist die Haftseite dann gleich wieder zu säubern, sonst wird die Funktion geschwächt.

Um die Gegenmagnete der unteren Ebene zu verstauen, sind auf der Unterseite des Wagens im vorher auszurechnenden Abstand Löcher zu bohren. Im Falle der beiden äußeren Bohrlöcher ist zuvor die Kurzkupplungskinematik zu entfernen, damit sie nicht beschädigt wird. Die Bohrung für die beiden mittleren Autos erfolgt am besten elektrisch, da hier zusätzlich die Zinkdruck-Gewichtsplatte am Wagenboden aufgebohrt werden muss. Verklebt werden der Magnete wiederum mit UHU-Plus.

Bevor die unteren Autos platziert werden, sind die oberen vier exakt auszurichten. Passt die Position, wird der Gegenmagnet einfach unter das Laufgitter in der Mitte geschoben und mit etwas Klebstoff gegen Verrutschen fixiert. Je nach Bedarf kann man ihn mit Farbe tarnen. Werden fünf kürzere Autos pro Etage verladen (z.B. VW Käfer oder ähnliche Modelle), steht das mittlere Fahrzeug mit einer Achse auf dem vorderen Wagen, mit der anderen auf dem hinteren. In diesem Fall wird es mit zwei Magneten unmittelbar vor beiden Achsen bestückt. Entsprechend sind auch die beiden Ladeebenen mit je zwei zusätzlichen Magneten auszustatten. ◂

1

2

Bild 1: Die Fahne kennzeichnet das Feld zum Selberpflücken!

Bild 2: Ein Zaun und ein Kassenhäuschen entstehen aus Streichhölzern – hier in N.

Erdbeerplantage für Anlagenecken

Selberpflücken

Findet sich auf der Anlage eine größere freie Fläche, so verwandelt der Modellbahner sie für gewöhnlich in eine Wiese oder er baut sie mit „irgendetwas" zu. Eine interessante Alternative ist die moderne landwirtschaftliche Direktvermarktung.

Wer weder Wiese noch ein Gebäude mag, dem mag dieser Tipp helfen: Legen Sie doch mal eine Erdbeerplantage an! Dafür braucht es zunächst mal ein nicht zu kleines freies „Grundstück". Außen herum setzt man rohe Holzpfosten, denn Erdbeerfelder sind während der kritischen Reifezeit eingezäunt, vorzugsweise mit hohem Maschendraht. Dafür gut geeignet ist der Industriezaun von Faller.

Der Boden eines Erdbeerfeldes ist meist mit Stroh bestreut, um Feuchtigkeit von den Früchten fern zu halten: also auf ein Leimbett feines Sägemehl sieben und strohgelb einfärben! Auch der Weg zum Feld sieht in den allermeisten Fällen ähnlich aus. Für die Erdbeerpflanzen tränkt man mittelgrünes Flockenmaterial von Heki in einem Joghurtbecher mit Weißleim-Wasser. Dann zieht man auf dem Feld feine Weißleim-Linien und verteilt die Pflanzen mit der Pinzette gleichmäßig. Nach ein paar Stunden Wartezeit haben sie solide Wurzeln geschlagen.

Am Eingang postiert man eine Reklamefahne. Die Erdbeere darauf druckt man passend aus. Die Hütte für den Verkäufer entsteht aus Streichhölzern. Außerhalb des Zaunes legt man für die Kunden eine Zufahrtstraße mit Hinweisschild und Parkplatz an. Diverse Preiserlein finden den Weg zu den Erdbeeren und gehen, stehen oder knien dekorativ auf dem Feld herum.

Und die Erdbeeren selbst? Feiner Gleisschotter, eingeklebt in kleine Kübel, Tröge, auf einen Verkaufstisch und in Behälter an den Figuren. Dann mit einem Borstenpinsel fast trockene, leuchtend rote Farbe aus dem Malkasten auftupfen: Zum Reinbeißen! ◂

12

Parkbahn in H0

Nostalgiebahn mal anders

In den 1960er-Jahren gab es kaum eine Bundes- oder Landesgartenschau ohne Parkeisenbahn. Auch heute noch dreht manches dieser Züglein seine Runden. Zum 50jährigen der Saarbrückener Parkbahn stellten die Firmen Veit Kornberger und Stadt im Modell den Zug in 1:87 vor. Da fühlt man sich gleich wieder jung und hat Lust, eine Parkszene für seine Anlage zu schaffen.

Wer kennt sie nicht, die bunten Sommer-Züge in Parks, Gartenschauen oder sonstigen Freilandanlagen, mit denen sich fußmüde Besucher gemächlich durch das Gelände schaukeln lassen können? Was bisher nur Realmenschen vorbehalten war, dürfen sich jetzt auch die Modellbewohner gönnen, vorausgesetzt, sie entsprechen dem H0-Maßstab. Veit Kornberger und Christian Jabs haben die Parkbahn geschaffen. Maßstab ist 1:87, die Spurweite H0f (6,5 mm). Als Gleismaterial ist also Märklin Z geeignet, auch wenn natürlich Schwellenabstand und Profilhöhe nicht so richtig passen. Angeboten werden die Züge in fünf Farbvarianten. Sie bestehen aus einer zweiachsigen Lok und drei vierachsigen Sommerwagen. In seiner Mischung aus VT 11.5, Porsche-Sportflitzer und Ozeandampfer (Bullaugen) wirkt das Design der Lok so richtig zeitgenössisch – eben Epoche-III-mäßig.

Die komplett aus Kunststoff gefertigten Modelle sind mit silberfarbigen Fahrwerken nebst Achsen sowie einfarbigen Aufbauten ausgestattet. Sie sind gut detailliert und einfach zusammenzubauen. Der Bausatzpreis beträgt knapp 40 Euro. Wem der Zusammenbau dennoch zu aufwendig ist, kann die Züge für einen Zwanziger mehr auch montiert bei Veit Kornberger bestellen. Voraussichtlich ab Herbst ist auch eine motorisierte Version erhältlich, worauf man beim Trassenbau vielleicht schon Rücksicht nehmen sollte.

Bis auf die Kleinteile werden die Bauteile bereits von den Gussästen befreit und säuberlich in kleine Tütchen verpackt geliefert. Nacharbeiten sind, wenn überhaupt nötig, lediglich an den Achsen vorzunehmen, um dort eventuell noch vorstehende Angussreste zu entfernen. Dies ist notwendig, damit die mittig gelagerten Achsen einwandfrei laufen. Am besten verwendet man dazu eine passende Nadelfeile.

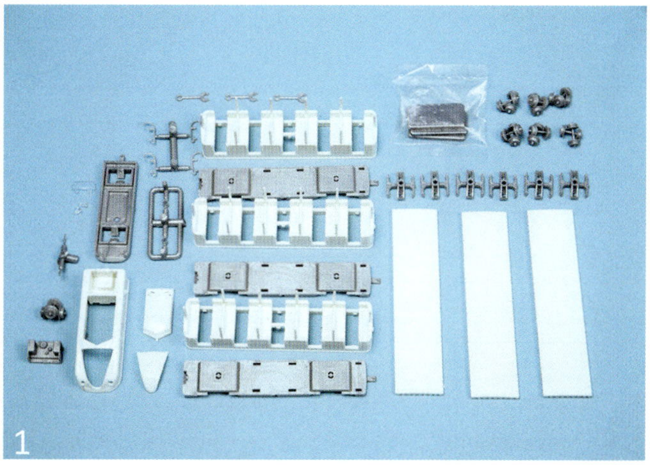

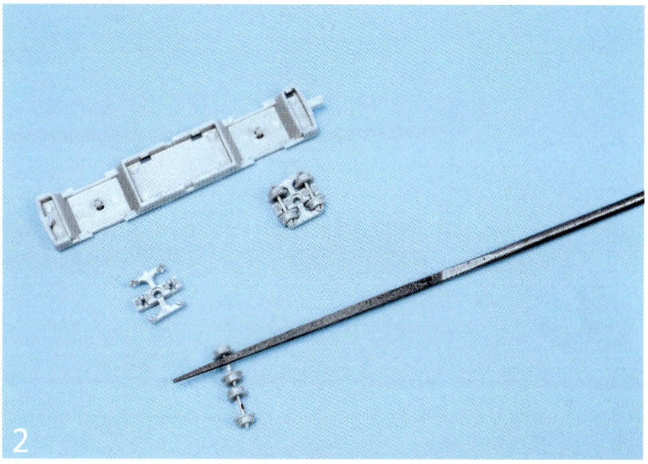

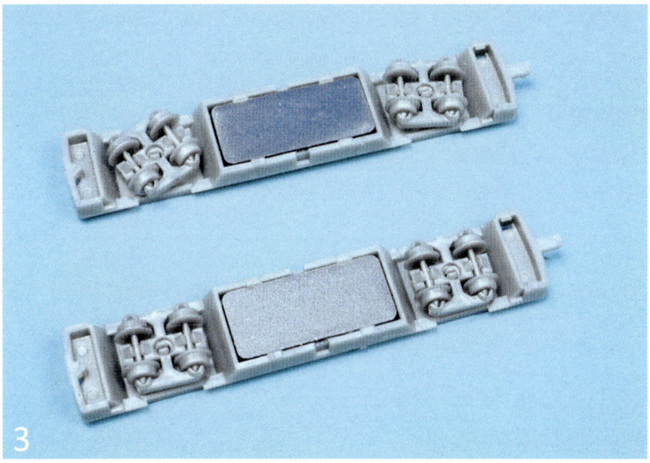

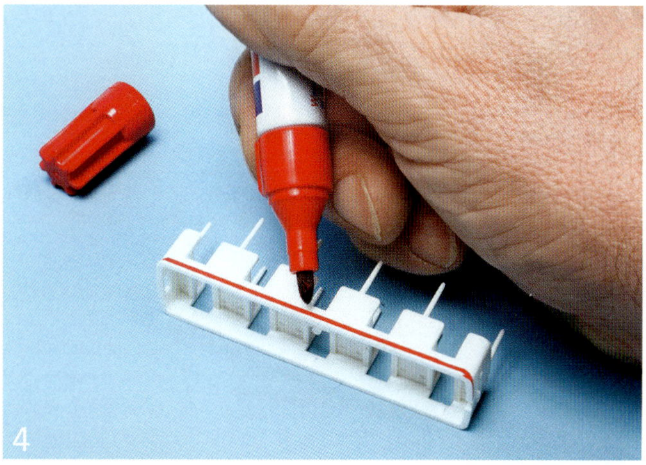

Bild 1: Der Teilesatz des Parkbahn-Zuges. Entgraten ist fast nicht nötig, da nur kleinste Teile am Spritzling geliefert werden.

Bild 2: Soll das Modell rollfähig bleiben, sind die Achsen sorgfältig glattzuschleifen.

Bild 3: Das fertige Fahrwerk der Sommerwagen. Für besseren Lauf sind die Fahrzeuge mit Ballast ausgestattet.

Bild 4: Entlang des unteren Wulsts an der Karosse wird ein roter Zierstrich mit einem Filzstift gezogen.

Bild 5: Das Vorbild: Seit 50 Jahren erfreut die Saarbrückener Parkbahn das Publikum. Auch bei vereinfachter Lackierung wirkt die Nachbildung sehr originalgetreu.

6

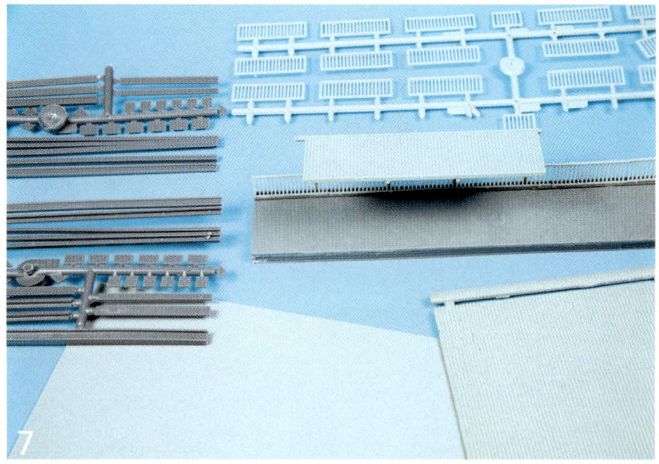

7

8

9

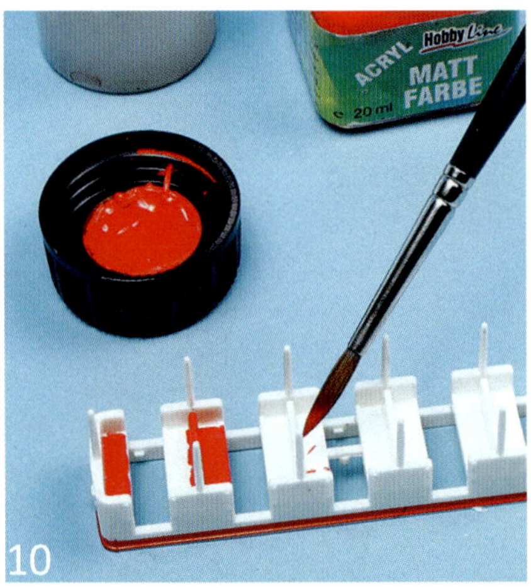

10

Bild 6: Als Parkbahntrasse wird Z-Gleis von Märklin direkt auf den ebenen Untergrund geklebt. Als Bettung kann nicht nur H0-Schotter dienen, sondern auch Sand..

Bild 7: Aus Platten und Profilen entsteht der Bahnsteig. Bei seiner Gestaltung hat man weitgehend freie Hand.

Bild 8: Zu achten ist auf das Angebot an Komfort für die Fahrgäste des Zuges. Sie reisen ja nur aus Vergnügen, nicht aus Notwendigkeit. Bänke und ein Dach sind daher unverzichtbar.Bild 4: Entlang des unteren Wulsts an der Karosse wird ein roter Zierstrich mit einem Filzstift gezogen.

Bild 9: Zu achten ist auf das Angebot an Komfort für die Fahrgäste des Zuges. Sie reisen ja nur aus Vergnügen, nicht aus Notwendigkeit. Bänke und ein Dach sind daher unverzichtbar.

Bild 10: Die Sitzbänke werden mit matter Acrylfarbe gestrichen.

Bild 11: Ein Denkmal bildet den Mittelpunkt der Parkanlage. Dieses Modell des Weimarer Klassikerduos stammt von Faller.

Bild 12: Wegen des eingeschränkten Platzangebots passen nur ausgewählte Figuren in die Wagen.

Aufzupassen ist beim Anbringen der Kleinteile wie Lampen, Lampenringe und Spiegel. Sie sind so klein, dass sie sich nur mit der Pinzette einsetzen lassen. Bei falschem Druck auf die Pinzettenschenkel neigen sie zum Davonhüpfen, weshalb vorsichtiges Hantieren angesagt ist.

Eine Frage der Spitze

Ob Blau, Grün, Gelb, Rot oder Weiß: Einfarbig wirken die Züge etwas trist und wenig vorbildgerecht. Wer das Modell den bunten Originalen annähern will, kommt um eine Bemalung nur dann herum, wenn er einen schon fertig bedruckten Zug erwirbt.

Mit den richtigen Werkzeugen ist das Selbstbemalen keine große Kunst. Die Karossen der Fahrzeuge sind schon lackglänzend gespritzt, sodass keine Grundeinfärbung nötig ist. Zierstreifen peppen die Gefährte aber erheblich auf. Auch die sind kein großes Problem, wenn man sich farblich passender Lackfilzstifte bedient, hier beispielsweise Rot und Silber. Auf eine feste Spitze ist unbedingt zu achten. Damit fährt man der etwas vorstehenden unteren Fahrzeugkante entlang, um einen geraden Zierstrich zu erzielen. Wird mit gleichmäßigem Druck auf das Malgerät gearbeitet, bekommt man zur Belohnung eine gleichmäßige Farblinie. Ähnlich wird mit den Kanten der Wagenverdecke vorgegangen. Hier hält man den Stift am besten leicht schräg, um nur die überhängenden Markisenteile einzufärben, nicht die Dachflächen.

Die vorstehende untere Kante der Karosserien wird auf gleiche Weise mit einer Chromleiste verziert. Etwas mühseliger ist die Bemalung der seitlichen Fensternachbildungen an der Lok sowie das farbige Absetzen des Gehäuseoberteils in den Farben Schwarz und Rot. Hier hilft nur eine ruhige Hand. Sollte mal ein Strich danebengehen,

ist das auch kein Malheur: Mit Druckfarbenentferner von Lux ist im Nu alles wieder sauber. Sitzbänke und Fahrersitz werden mit matten Acrylfarben koloriert.

Auch Parkbahnen fahren nicht von Geisterhand durch die Gegend und befördern in aller Regel Besucher. Deshalb sollte man das Modell mit Figuren besetzen. Das Preiser-Programm bietet ebenso wie das von Noch alles Erforderliche. Allerdings ist der Platz in den Sommerwagen eher knapp bemessen, sodass vor allem kleinere Figuren auf den Bänken Platz finden. Beim Lokführer ist in jedem Fall eine Amputation der Füße leider unumgänglich.

Die Gleise zur Parkbahn habe ich in H0-Schotter verlegt. Wahrscheinlich könnte man sie auch in Sand betten. Das wäre sicherlich etwas einfacher. Eine Bahn – auch eine solche – benötigt einen Bahnsteig, damit die Fahrgäste bequem ein- und aussteigen können. Das Herrichten eines solchen ist also nicht falsch. Meinen habe ich aus Plastikplatten und Profilen von Evergreen, Faller und Vollmer. Als Stützen für das Dach dienen stumpf abgewinkelte Profile, die noch aus Kibris Bastelbeuteln seligen Angedenkens stammen. Heute dürften sie wohl nicht mehr erhältlich sein. Auch die Dacheindeckung stammt aus dem Kibri-Sortiment.

Da die Gestaltung eines solchen Bahnsteigs aber weitgehend frei ist, lässt er sich ebenso gut aus Teilen aus der Bastelkiste und/oder Pflasterplatten zusammenstellen. Auf Letztere kann man auch verzichten und den Bahnsteig kiesen.

Was wäre der Parkbahnzug ohne Umgebung? Um das originelle Züglein präsentieren zu können, habe ich eine schon etwas in die Jahre gekommene Anlagenecke in einen Park verwandelt. Dabei bin ich den üblichen Vorgehensweisen des Landschaftsbaus gefolgt. Dazu nur einige Hinweise: Als ordnungsschaffende Beeteingrenzungen lassen sich gut Randsteine einsetzen. Die von mir verarbeiteten Exemplare stammen noch von Preiser. Aufgrund ihrer Übergröße kann man sie leicht einspachteln. Alternativ hält Faller ein Set bereit, in dem auch Randsteine zu finden sind.

Zur Beetbepflanzung eignen sich Bodendeckermatten von Busch, Faller und Noch als Quell für Blumen und kleine Stauden. Wer Geduld und Muße hat, kann sich natürlich auch der vielen Einzelblumen aus Kunststoff von Busch bedienen, die es dann in Gruppen zu arrangieren gilt. Zudem sind inzwischen diverse Lasercut-Gewächse auf dem Markt. Dem gestalterischen Fleiß sind also kaum Grenzen gesetzt! ◂

Freelance-Aussichtswagen in H0

Freiluftfahrt ins Blaue

Aussichtswagen gibt es in Deutschland nur auf Schmalspur. Die meisten Modellbahnanlagen böten aber genügend landschaftliche Reize, um den Einsatz eines solch ausgefallenen Fahrzeugs zu rechtfertigen. Ein vorbildfreier Umbauvorschlag.

1

Am Anfang stand ein Mitbringsel: Das Modell eines offenen Straßenbahn-Aussichtswagens von Bachmann, den Freunde aus dem Amerikaurlaub mitgebracht hatten: „Der hat uns gefallen und sowas hast Du bestimmt noch nicht!“ Klar hatte ich solch einen Wagen noch nicht, und das rote Modell mit seinen feinen Zierlinien macht ja einen recht schmucken Eindruck. Etwas anzufangen war damit aber kaum: keine Puffer, keine passende Kupplung, viel zu kleine Räder, die in jedes Weichenherzstück plumpsten. Dazu noch die Lackierung. Ab in die Schublade? Undenkbar, meine Freunde würden sich sicher nach dem

2

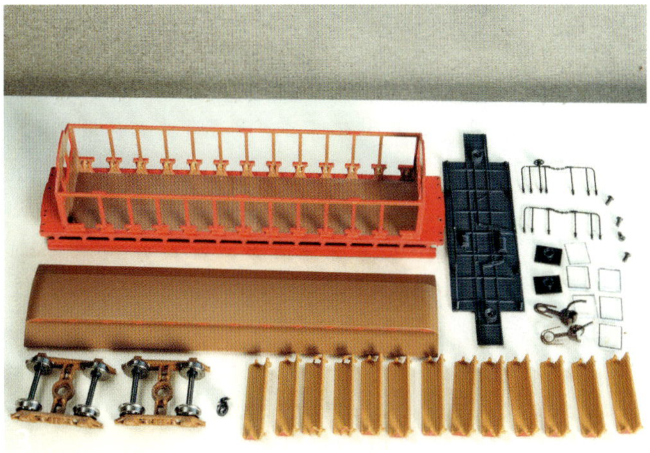

4

5

6

7

8

Verbleib ihres Wagens erkundigen. Also „eindeutschen“!

Im Vergleich mit hiesigen H0-Modellen stellte sich rasch heraus, dass Höhe, Länge und Breite des Fahrzeugs nicht das Problem sein würden. Diese Maße passten erstaunlich gut, vor allem zu den Langenschwalbachern von Liliput und sind wohl der Tatsache geschuldet, dass als Vorbild ein Straßenbahnwaggon diente. Auch die Lage der Pufferbohle konnte angepasst werden, sofern sich ein passendes Drehgestell fand.

Als Erstes wurde der Wagen zerlegt, was keine Schwierigkeiten bereitete, da alles geklipst und geschraubt ist. Dann habe ich

Bild 1: Der amerikanische Straßenbahn-Aussichtswagen

Bild 2: Die Außenmaße passen für hiesige Verhältnisse.

Bild 3: Der komplett zerlegte Wagen

Bild 4: Die originalen Pufferbohlen sind abgesägt und die Fläche dahinter ist geglättet.

Bilder 5 und 6: Hier finden die äußerst flachen Kupplungskulissen von Makette Platz.

Bild 7: Brawas Drehgestelle der württembergischen „Amerikaner“-Personenwagen passen gut..

Bild 8: Nun stimmen Puffer- und Dachhöhen mit den Langenschwalbachern gut zusammen.

9

10

11

12

13

Bild 9: Das Gehäuse wird DRG-Grün.

Bild 10: Boden aus Balsaholzbrettchen

Bild 11: Fahrzeugrahmen, Langträger, Trittbretter und Pufferbohlen erhalten eine schwarze Lackierung.

Bild 12: Auch die Bühnengeländer stammen von Brawas Amerikaner-Wagen.

Bild 13: Gegenüberliegende Bänke für Zweirichtungsverkehr

Bild 14: Ein Aussichtswagen ohne Mitreisende ist undenkbar.

14

beidseitig die Pufferbohlen abgesägt und den Wagenboden zwischen den Enden und den Drehzapfen der Drehgestelle geglättet. Auf die freigeräumte Fläche wurden Kurzkupplungskulissen von Makette geklebt. Sie sind aus Blech geätzt und müssen vor dem Einbau zusammengesetzt werden. Der große Vorteil dieses Produkts: seine äußerst geringe Einbautiefe. Allerdings sind sie eher für kürzere Wagen gedacht. Bei Gleisradien ab ca. 45 cm sollte man besser auf Kurzkupplungen verzichten oder deren Deichseln verlängern. Die Kulissen wurden direkt hinter der später ausgetauschten provisorischen Pufferbohle angebracht.

Überraschend schnell löste sich das Problem der Ersatzdrehgestelle für den Wagen. Sie mussten einen engen Achsstand haben, alter Bauart sein und mit ausreichend Spiel auf die Drehzapfen des Bachmann-Wagens passen. Alle drei Bedingungen erfüllen die Drehgestelle der „Amerikaner"-Personenwagen von Brawa fast ideal. Nachdem diesen jeweils auf einer Seite die Querverbindungen abgezwickt worden waren, besaßen sie zudem genügend Spiel, um beim Schwenken nicht an den Makette-Kulissen hängen zu bleiben. Dank der Brawa-Drehgestelle stimmten Pufferbohlen- und Dachhöhe mit denen der Langenschwalbacher überein.

Nachdem die technischen Fragen der Bastelei geklärt waren, folgten die gestalterischen: Welche Epoche? Welche Farbe? Welche Anschriften? Die erste Frage war eher rhetorischer Art: Epoche II, wie die Anlage, auf der der Wagen eingesetzt werden sollte. Außerdem weiß heute keiner mehr so recht, was in den 20er-Jahren so alles auf Schienen unterwegs war. Antwort zwei folgte, da mir die „Zirkuslackierung" des Amerikaners zu knallig war: DRG-Standardanstrich olivgrün/schwarz mit alufarbenem Dach. Letzteres behielt seinen eigentlich überflüssigen amerikanischen Oberlichtaufbau, da es sonst neu anzufertigen gewesen wäre. Praktischerweise ähnelt die Dachform der preußischer Schnellzugwagen. Die Anschriften (Frage drei) habe ich entsprechend den Abmessungen und der angenommenen Sitzplatzkapazität nach DRG-Norm zusammengestellt und als Nassschiebebilder bei der Firma Hartmann Original in Auftrag gegeben.

Nach dem Lackieren in DRG-Oliv bekamen zunächst Wagenboden und Plattformen eine Auflage aus 2 mm starkem Balsaholz eingeklebt, um das Innere heller und freundlicher wirken zu lassen. Dann wurde der Wagenkasten sorgfältig mit Tesafilm abgeklebt und der Bereich unterhalb des Langträgers schwarz lackiert.

Inzwischen hatte das Fahrzeug auch endgültige Bühnengeländer und Puffer bekommen. Sie stammen ebenfalls von Brawas Amerikanern. Anders als beim Ursprungsmodell habe ich die Bänke jetzt vis-à-vis gesetzt, um den Wagen in beide Richtungen verkehren lassen zu können.

Als Reisende wurden Figuren aus zwei XL-Sets „Sitzende" von Noch zusammengestellt. Damit sie nicht aus dem Wagen fallen, bekamen die Einstiege Sicherungsbügel aus 0,4-mm-Stahldraht eingeklebt. Mit den feinen Hartmann-Anschriften benummert und mit einer Schicht Klarlack überzogen, steht der Sonderling nun für den H0-Ausflugsverkehr zur Verfügung. ◂

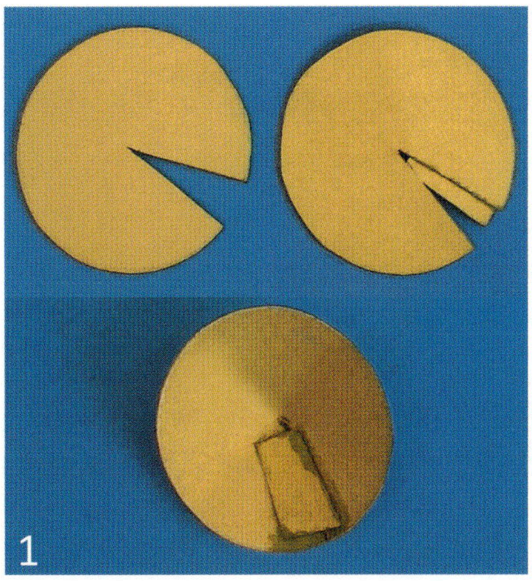

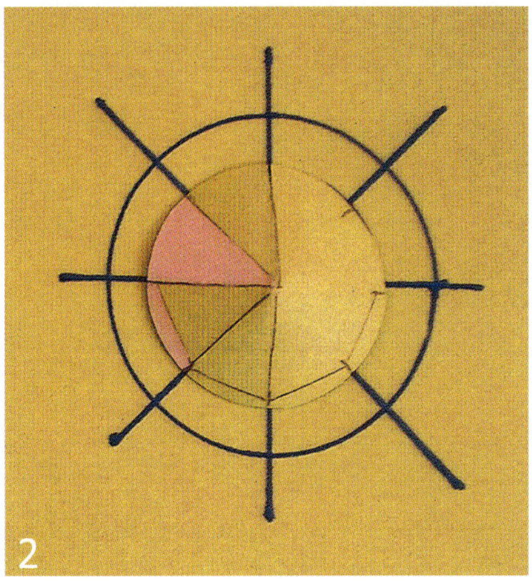

Maßstäbliche Sonnenschirmchen

Filigranschatten

Egal ob im Café, auf dem Markt oder am Strand: Wenn sich Preiserlein vor Hitze schützen wollen, müssen sie mit klobigen Uralt-Schirmen Vorlieb nehmen. Davor kann man die kleinen Menschlein bewahren!

Modelleisenbahn-Zubehör wie Häuser, Brücken, Bäume und Figuren gibt es in Hülle und Fülle. Bei manchen Produkten lässt jedoch trotz ständiger Neuentwicklungen und reger Konkurrenz die Ausführung durchaus Wünsche offen. In vielen Fällen kann man sich durch Eigenbau helfen, wie beispielsweise die hier vorgestellten Sonnenschirmchen. Sie sind zwar im Maßstab 1:160 entstanden, doch ist die Vorgehensweise bei H0 die gleiche. Ihre Herstellung ist denkbar einfach und kostet so gut wie nichts.

Buntes Tonpapier oder einfaches Schreibpapier, das nach eigener Vorstellung mit Buntstiften bemalt wird, sind der Stoff für den Schirm. Als weitere Materialien gebraucht werden ein kurzer 0,3-mm-Stahldraht (für H0 0,5 mm) oder eine Stecknadel, dazu ein mit dem Locher ausgestanztes dickeres Pappplättchen als Standfuß sowie zwei Tropfen Sekundenkleber.

Zuerst entsteht eine Zeichenhilfe, die später für eine saubere Winkeleinteilung sorgt. Dann wird der Schirmkreis aus dem Tonpapier geschnitten, Durchmesser je nach Maßstab und mit einem kuchenstückähnlichen Ausschnitt versehen. Auf der Unterseite des zukünftigen Schirms wird ein „Schließerplättchen" zunächst einseitig eingeklebt.

Dann formt man den Pappkreis zu einem kleinen Hütchen und verklebt die beiden Kanten des Ausschnitts mit Hilfe des Schließers auf Stoß. Danach werden die Achteck-Winkelstriche mittels der Zeichenhilfe auf das Schirmhütchen übertragen. Die Felder können ganz nach Belieben farbig ausgemalt und/oder mit Reklame beschriftet werden. Für den Seitenbehang des Schirms schneidet man acht kleine Ecken aus und knickt die Stücke dazwischen nach unten. Als Letztes wird der Ständer in das ausgestanzte Plättchen Pappe gebohrt und danach das Schirmchen genau mittig aufgeklebt. Ein maßstäblicher und im Vergleich zu den Industrieprodukten deutlich filigranerer Sonnenschirm spendet nun den kleinen Figuren wohltuenden Schatten. ◄

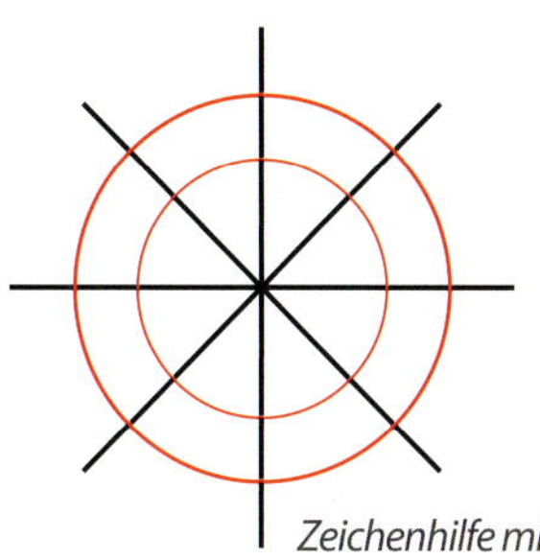

Zeichenhilfe mit 45°-Teilung

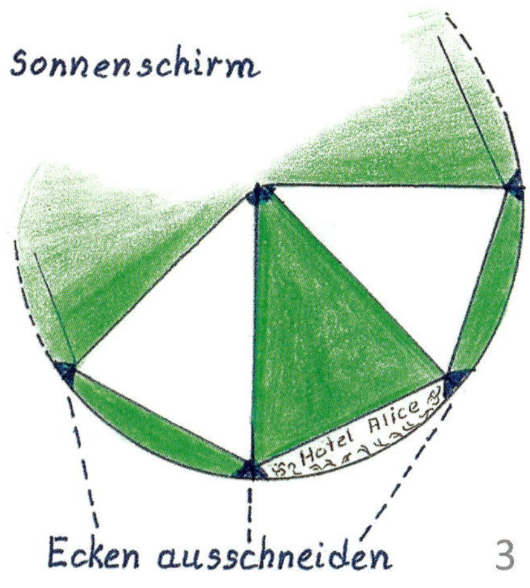

3

Bild 1: Drei Stadien der Schirmherstellung: Ein Kreis wird ausgeschnitten und verliert ein „Tortenstück" von ca. 24°. Unter den fehlenden Winkel klebt man auf einer Seite eine Verbindungslasche. Jetzt wird der Schirm zu einem flachen Kegel (im Bild von unten gezeigt) zusammengezogen. Die Verbindungslasche wird auch auf der zweiten Seite angeklebt.

Bild 2: Mittels Zeichenhilfe wird die Winkelteilung auf den Schirm übertragen.

Bild 3: Die Ränder hängen herab, wenn man kleine Winkel ausschneidet.

1

2

Ladung für Rocos Erzbahnwagen

Doch von Pappe

Zu den schwedischen Riesenloks der Typen Dm3 und IORE bietet Roco auch die passenden Wagen an – leider ohne Ladung. Wer nun einfach etwas Schüttgut in die Wagen füllt, erreicht nicht die charakteristische Schüttkegelform des Vorbilds.

Weit jenseits des Polarkreises verläuft in Schweden die Malmbana. Sie dient in erster Linie dazu, das in den Minen von Kiruna geförderte Eisenerz abzutransportieren. Das Erz wird zu 30% in Form von Feinerz und zu 70% als Pellets verladen. Die Pellets sind Kugeln mit etwa 1 cm Durchmesser, die in alle Welt verkauft werden. Von Kiruna aus teilt sich die Erzbahn in einen Südast nach Luleå, und einen Nordast nach Narvik in Norwegen.

Die Erzbaugesellschaft LKAB lässt von der Tochter MTAB Züge zu den beiden Häfen fahren. Die Ganzzüge bestehen größtenteils aus Erzwagen der Bauarten Uad und Uadp mit jeweils 80 t Ladegewicht. Sie unterscheiden sich äußerlich durch den Aufbau des Erzbehälters. Er ist bei den Uad-Wagen anders geformt und größer als bei den Uadp, da Pellets mehr Platz als Feinerz benötigen.

Neben den Erzbahn-Lokomotiven der Typen Dm3 und IORE hat Roco auch Erzwagen der Bauarten Uad und Uadp im Programm. Aktuell (2018) bietet der Hersteller Vierersets aus je zwei Uad und Uadp an (67084); auch sind Uad mit Schlussbeleuchtung (66285/76406) einzeln erhältlich.

Leider liefert Roco die Erzwaggons leer aus. Das ist schade, da die langen Erzzüge im Modell beladen noch viel wuchtiger wirken würden. Allerdings ist es nicht damit getan, irgendwie Erz in die Wagen zu schütten. Vielmehr sollte der Erzhaufen in seiner durch die Verladetechnik entstandenen charakteristischen Form realistisch dargestellt werden. Zudem sollte das Ladegut möglichst leicht sein – durch die langen Züge summiert sich Gewicht schnell.

Als kostengünstiges Material verwende ich leere Verpackungskartons von Cerealien. Sie werden mit der Schere zerschnitten, wobei darauf zu achten ist, dass alle Kanten und Überlappungen entfernt werden. Dann werden die Vorlagen auf diesen Karton gedruckt. Die Qualität ist nicht entscheidend. Nur das Größenverhältnis muss eingehalten werden. Aus einer Packung entstehen so mindestens vier Erzhaufen, also genug für eines der Roco-Vierersets.

Bild 1: Die auf Karton ausgedruckten Vorlagen werden ausgeschnitten und konzentrisch übereinander geklebt.

Bild 2: Fertige Papprohlinge werden mit einer Spachtelmasse geglättet und dunkel grundiert.

Bild 3: Beladene Erzwagen der Typen Uad (links) und Uadp im Original

Bild 4: Abschließend werden die Rohlinge mit Leim eingekleistert und mit gesiebtem Feinerz bestreut.

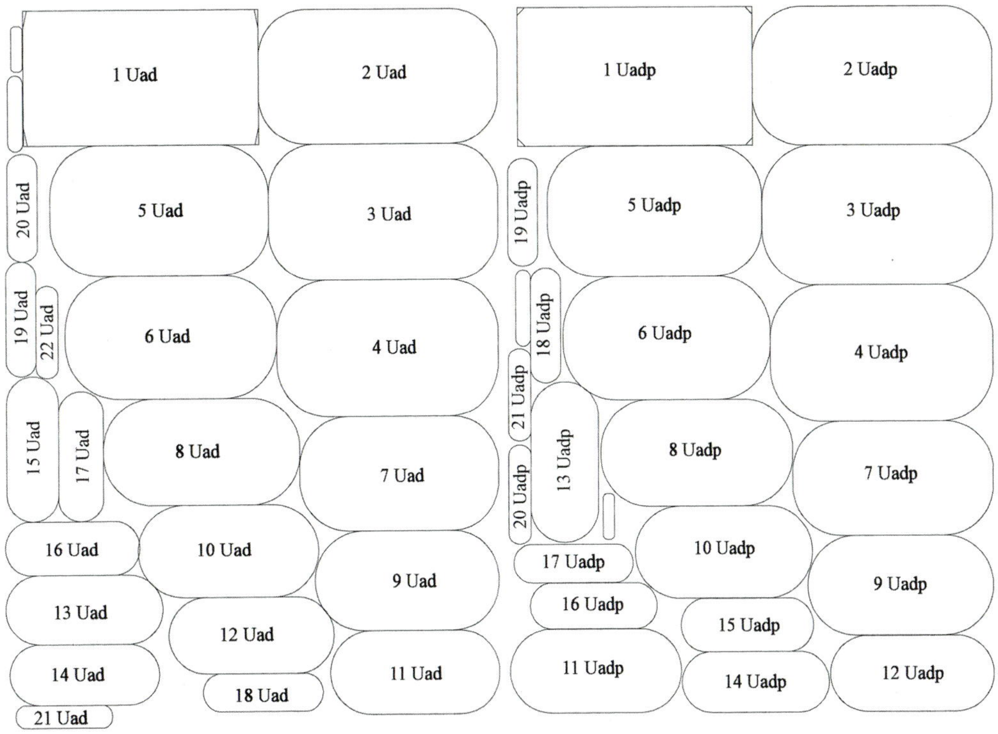

Die Schablone für die 24 Schichten der Uad-Beladung bzw. die 23 des Uadp. Sie ist hier auf ein Viertel verkleinert abgebildet. Um den Bastelvorschlag nachvollziehen zu können, ist die Schablone einzuscannen. Die Bilddatei ist so zu vergrößern, dass das Feld 1 Uad (links oben) 3,55 x 6,25 cm Kantenlänge aufweist.

Je nach Wagentyp werden 23 bzw. 24 Ebenen geplottet und Schicht für Schicht mit der Schere ausgeschnitten. Hier muss genau gearbeitet werden, denn die einzelnen Ebenen unterscheiden sich meistens nur um 2 mm. Bis auf die beiden kleinsten Teile tragen alle Kartonausschnitte eine Nummer. Mit der Nummer 1 beginnend werden sie mittig aufeinander geklebt. Am besten geht das mit Holzleim. Jeder Ausschnitt ist um eine Idee kleiner als der vorherige. Nach etwa fünf Ebenen sollten die Pappkartons noch einmal ausgerichtet werden. Eine kurze Pause festigt den Unterbau für die nächsten Schichten.

Wenn alle Schichten zusammengefügt sind und der Leim getrocknet ist, muss eine dünne Schicht Spachtelmasse die Stufen glätten. Hierzu eignet sich jede Art von Spachtelmasse. Man benötigt sehr wenig, da das Ziel nur eine glatte Oberfläche ist. Die Form des Erzhaufens wird ausschließlich von der Pappe bestimmt. Nach einer weiteren Trocknungsphase passt man den Haufen ans Modell an. Meist muss in der Breite noch leicht mit dem Skalpell nachgearbeitet werden. Fertig ist der Einsatz, wenn er leicht und ohne Spiel im Behälter des Roco-Modells liegt.

Im vorletzten Arbeitsgang sollte der Karton mit dunkelgrauer Farbe (Revell) gestrichen werden. Der Farbauftrag verhindert, dass der Untergrund durch das später aufgebrachte Erz scheint. Ist die Farbe trocken, wird alles mit einem dickflüssigen Gemisch aus Wasser, Holzleim und Spülmittel eingestrichen und dann mit echtem Erz bestreut.

Ich habe mir bei verschiedenen Besuchen an der Erzbahn einen größeren Vorrat originalen Kiruna-Feinerzes zusammengesammelt. Es wurde kräftig gesiebt, da Körnchen über 1 mm Durchmesser den Eindruck von Pellets zunichte machen würden. Man kann natürlich auch Erz von Asoa verwenden. Nach dem Trocknen wird überschüssiges Material zur Wiederverwendung abgeklopft. Wagen für Wagen füllt sich so der Erzzug zu einem echten schwedischen Malmtåg. ◂

Figuren verbessern

Männchen malen

Bei Fahrzeugmodellen achten Modellbahner im Allgemeinen auf jedes Detail. Ganz anders bei Figuren: Sie kommen meist frisch aus der Schachtel auf die Anlage. Dabei lässt sich auch hier mit Farbe einiges verbessern.

Dass Figuren Modellgeschehen beleben, ist eine allgemein bekannte Tatsache. Das Beleben von einzelnen Figuren dagegen nicht unbedingt. Was ist darunter zu verstehen? Betrachtet man eine gut gestaltete Modellanlage und geht dabei ins Detail, ist festzustellen, dass die realistische Wirkung oftmals durch das unnatürliche Aussehen der an sich gut gestalteten und korrekt bemalten Figuren leidet.

Generell unterscheidet sich das Angebot an Miniaturfiguren je nach Hersteller und/oder Preisklasse deutlich hinsichtlich der natürlichen Ausprägung, Gestaltung und Bemalungsqualität. Allen gemein ist jedoch zumindest bis zur Baugröße H0 das Fehlen von farblich gestalteten Gesichtern sowie eine weitgehende Einheitsfarbgebung in der Bekleidung.

Am wenigsten Arbeit macht das Nachkolorieren fertig bemalter Figuren. Wer sich jedoch schon die Mühe macht, in dieser Detailarbeit tätig zu werden, kann auch gleich preisgünstig unbemalte Figuren kaufen und sie selbst kolorieren. Generell beginnt man beim Bemalen von Figuren mit hellen Partien wie beispielsweise der Haut. Dann arbeitet man sich von innen nach außen vor, also quasi in der Reihenfolge Haut, Hemd, Anzug, Mantel. Die Anschlüsse der nachfolgenden Partien überdecken dabei jeweils die zuvor bemalten. Es ist aber immer darauf zu achten, dass die vorangegangene Farbschicht vor dem Weiterarbeiten trocken ist!

Bei der Wahl der Farben sollten möglichst fein pigmentierte Produkte verwendet werden. Sie decken auch in dünnen Schichten, damit die feinen Strukturen nicht zugekleistert werden. Bisher habe ich deshalb auf matte, lösungsmittelhaltige Lackfarben gesetzt, vor allem, wenn eine weitere Optimierung geplant war. Je nach Auftrag der Farben kann schon in dieser Phase durch mehr oder weniger Pigmentdichte Struktur in die Kleidung gebracht werden. Ein simples Beispiel sind verwaschene Jeansstoffe oder andere Bekleidungen, die keineswegs nur in den späten Epochen einzusetzen sind.

Gesichter hauchfein

Bei Maßstäben von 1:87 oder kleiner ist das Gestalten von Gesichtern mit Details wie Augen, Mund und ggf. sogar Wangenrot auch mit extradünnen Pinseln kaum noch möglich. Es gibt aber Buntstifte, mit denen sich diese Hautpartien auch

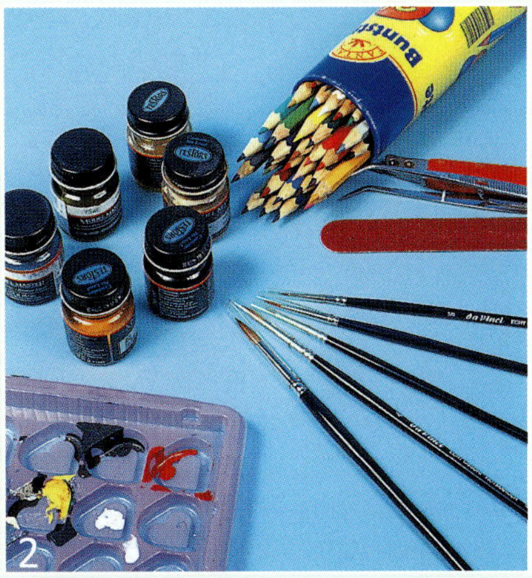

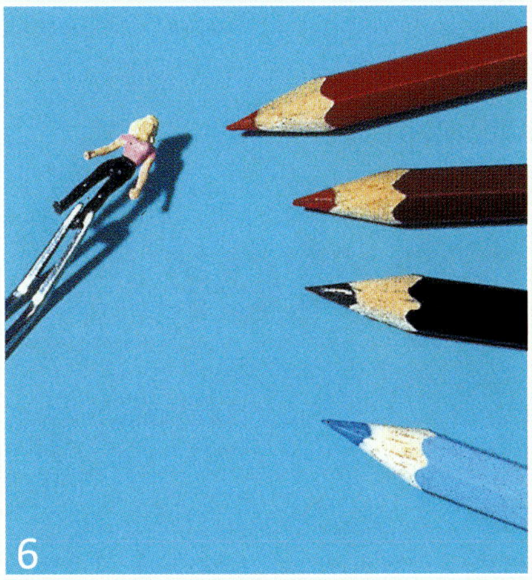

Bild 1: Unbemalte Figurensätze von Preiser und Auhagen.

Bild 2: Die Malutensilien: Lackfarben, Buntstifte, Mischwanne und feine Rotmarderhaarpinsel

Bild 3: Im ersten Malschritt werden die Figuren noch am Spritzling koloriert.

Bild 4: Schon nach dieser Bemalungsstufe sind unterschiedliche Stoffe erkennbar, so z.B. eine Lack-Lederhose oder Jeans.

Bild 5: Noch völlig strukturlos sind dagegen Gesichter und Frisuren der Figuren ...

Bild 6: ... was sich nach dem dritten Maldurchgang geändert hat.

Bild 7: Als Alternative bzw. Ergänzung: Lasur mit dünnen wasserlöslichen Farben.

bei den kleinen Figuren kolorieren lassen. Voraussetzung ist eine exakt geformte Stiftspitze, wie man sie mit einem guten (!) Spitzer zustande bringen kann. Gegebenenfalls können auch Fineliner-Faserstifte benutzt werden. Allerdings hatte ich bei meinen Versuchen wenig Erfolg damit, weswegen ich von diesem Gestaltungsmittel wieder Abstand genommen habe.

Eine weitere Möglichkeit, Miniaturgestalten optisch zu verbessern, besteht darin, deren Strukturen hervorzuheben. Dies gilt nicht nur für den Faltenwurf der Kleidung, sondern ebenso für die Mähne eines Pferdes oder die feinen Linien in den Gesichtern von Mensch und Tier. Dieser Effekt ist durch einfaches Lasieren zu erzeugen, bei dem man die fertig kolorierte Figur abschließend mit einer dünnen dunklen Lösung übermalt. Dabei ist dringend anzuraten, Farben zu verwenden, die auf einer anderen Basis als die der Grundbemalung aufgebaut sind (hier also Wasser), damit die Unterfarbe nicht angelöst werden kann.

Das ist ja alles gut und schön, mag der eine oder andere nun denken, aber wer kann das Ganze denn überhaupt sehen? Kein unberechtigter Einwand! Natürlich ist eine Brille für Nahsichtschwache erste

Bild 8: Eine Beschlagszene beim Hufschmied mit lasierten Figuren.

Bild 9: Eine Bahnsteigszene mit überarbeiteten Figuren. Wer genau hinsieht, erkennt die roten Backen des dicken Zeitungsverkäufers.

Voraussetzung. In aller Regel reicht sie aber nicht aus. Daher gibt es von verschiedenen Anbietern und nicht einmal teuer sogenannte dritte Hände, die meist aus einer Kombination von Klemme und Lupe bestehen. Sie sind als Hilfsmittel für allerlei Bastelarbeiten sehr zu empfehlen, da eine dort fixierte Figur einfach und ohne zu verwackeln bearbeitet werden kann.

Für Brillenträger bietet jeder gute Optiker Vorsatzlupen, die man auf das Brillengestell aufklemmen kann und dann sogar mit beiden Augen räumlich im extremen Nahbereich sieht. Damit macht das Arbeiten durchaus Spaß, selbst dann, wenn der zufällige Betrachter die Verbesserungen gar nicht im Detail sieht, aber die positive Gesamtwirkung in sich aufnimmt. Nun mag jeder für sich entscheiden, ob er sich der beschriebenen Mühe unterziehen will. Für den einen kann es das Nonplusultra sein, für den anderen nur Spinnerei. ◂

Selbstbau-Wagen aus der Bastelkiste

Kalktransporter

Nicht jeder Modellbahner legt Wert auf 100%ige Detailgenauigkeit. Vielen ist das ausgefallene Vorbild wichtiger. Zwei Beispiele für den Selbstbau mit alten Modellteilen und überraschenden Materialien.

Bei einem Besuch im Kalkwerk Saal/Donau bin ich auf einen ungewöhnlichen Wagentyp gestoßen, den ich unbedingt nachbauen wollte. Eigentlich galt mein Besuch ja der Krauss-Maffei-Werklok vom Typ ML 440, doch das freundliche Lokpersonal ließ mich nicht nur diese Maschine ausgiebig fotografieren, sondern auch den Wagen. Es handelt sich dabei um einen vierachsigen Kalkkübelwagen der SKW Trostberg.

Leicht zu beschaffen waren die Kalkkübel: Sie stammen von zwei Zweiachsern aus DDR-Produktion von Prefo, die ich auf der Anlage schon längst durch die überarbeiteten und deutlich feineren Nachbildungen von Sachsenmodelle ersetzt hatte. Auch die übrigen Aufbauten mussten vom Fahrwerk abgetrennt werden, da die Kalkkübel ja Lager benötigen.

Als Grundlage für den Tragwagen habe ich einen eigentlich amerikanischen Flachwagen aus früherer Roco-Produktion verwendet. Er hatte zwar einen Fischbauchträger, ließ sich aber ansonsten gut einsetzen. Durch Heraussägen des Mittelstücks wurde er entsprechend den neuen Aufbauten gekürzt. Zudem habe ich die dreiachsigen US-Drehgestelle durch zweiachsige deutscher Bauart ersetzt – nicht genau die richtigen, aber passend. Zu guter Letzt bekam der Wagen noch beidseitig Kurzkupplungskulissen von Roco angebaut.

Ein Problem sind leider die Anschriften. Ich hatte darauf vertraut, sie von meinen Fotos ablesen zu können und darauf verzichtet, Großaufnahmen zu machen. Dies stellte sich als Fehler heraus.

Kalk in Kugeln

Auch das Vorbild meines zweiten Eigenbauwagens ist an der Donau beheimatet, diesmal jedoch beim Walhalla-Kalkwerk in Regensburg. Ich hatte den Wagen auf einem Foto entdeckt, aber lange suchen müssen, bis ich dem Original im Bahnhof Walhallastraße in Regensburg „live" begegnet bin.

Einen Fotoapparat hatte ich zwar nicht dabei, dafür ein Maßband. Mit dessen Hilfe ließ sich eine Skizze anfertigen, auf deren Basis das Modell entstand.

Der schwierigste Teil waren weniger die drei Kugelbehälter, für die ich nach einem glorreichen Einfall Tischtennisbälle verwendet habe. Als problematisch stellte sich vielmehr die Form der Stirn- und

Bild 1: Ein vierachsiger Kalkkübelwagen in H0

Bild 2: Der „Ideengeber", ein Waggon der SKW

Bild 3: Ein Privatwagen der Walhalla Kalk ist das Vorbild dieses Fahrzeugs. Hier die Grundbestandteile des Aufbaus

Bild 4: Das H0-Modell der ausgefallenen Konstruktion. Es mangelt noch an der Beschriftung.

Seitenteile heraus, die schräg angeordnet genau zu den Behältern passen müssen. Einige Kartonschablonen musste ich entwerfen, ausschneiden und wegwerfen, bis dann doch eine passte. Nach ihrem Vorbild fertigte ich die Lager für die Kugeln aus Messingblech.

Für das Fahrwerk musste ein Selbstentladewagen von Roco (46096) herhalten. Er wurde zerlegt, das Fahrwerk auseinandergesägt und mit Messing-U-Profilen auf die richtige Länge gebracht. Dann wurden Aufbauten und Fahrwerk probehalber zusammengesetzt, um zu sehen, ob alles passt.

Anschließend habe ich den Wagen wieder zerlegt und das Modell komplettiert: Einfüllluken aus dem Kibri-Bausatz eines Silo-Lkws, Aufstiege und Bühnen aus Teilen von Roco-Silowagen kamen hinzu. Zum Lackieren des Aufbaus habe ich RAL 7032 (Kieselgrau) verwendet, für das Fahrgestell RAL 6010 (Grasgrün) von Revell (Nr. 360).

Zugegebenermaßen rudimentär beschriftet wurde der Wagen mit Schiebebildern aus dem alten Satz G12 von Spieth. Ganz zum Schluss habe ich den Wagen mit seidenmattem Klarlack übersprüht. ◂

Winterliche Laubbäume

Winterbäume

Während die Gestaltung einer schneebedeckten Landschaft keine größeren Schwierigkeiten bereit hält, sieht es mit der winterlichen Vegetation ganz anders aus. Vor allem das kahle Geäst entblätterter Laubbäume bietet einige Herausforderungen.

Wer sich in den Katalogen der einschlägigen Hersteller nach Winterbäumen umsieht, wird rasch fündig. Doch das Ergebnis ist mehr als dürftig: In aller Regel besteht das Angebot an Winter-Laubbäumen aus flockenlosen Baumrohlingen. Diese weisen zwar ein mehr oder weniger gut gestaltetes Stamm- und Astwerk auf. Zweige fehlen jedoch gänzlich, da diese im belaubten Zustand vereinfacht dargestellt werden können.

Ein beliebtes winterliches Gestaltungsmittel sind daher Rispen von Meerschaum, auch Seemoos genannt. Auch sie werden vom Fachhandel in unterschiedlichen Ausführungen angeboten. Diese Naturmaterialien sind zwar wunderschön verzweigt. Leider fehlt ihnen jedoch die Aststruktur, von einer realistischen Nachbildung des Stammes ganz zu schweigen.

Was läge also näher, als die beiden Materialien zusammenzubringen? Auf diese Idee sind auch Busch, Heki sowie Noch schon gekommen und haben sie in Form sogenannter Baumbausätze in Produkte umgesetzt. Diese Bausätze bestehen aus Kunststoffspritzlingen, Moos und Flocken. Also muss man für den Winter nur die Flocken weglassen? – Stimmt, aber das ist nur die halbe Miete.

Wie dabei geschickt vorzugehen ist, findet man leider nirgends. Wirklich befriedigende Bauergebnisse sind also kaum zu erzielen. Zudem sind weitere Verbesserungen nötig, um Bäume entstehen zu lassen, die ihren Vorbildern nahe kommen.

Bei belaubten Bäumen ist die exakte Anordnung der Zweige nicht unbedingt von Bedeutung, weil das Belaubungsmaterial die feinen Strukturen der Seemoosrispen weitgehend verdeckt. Dagegen sind beim Winterbaum der Wuchs von Stamm, Ästen und Zweigen sowie deren Verbindungen genau nachvollziehbar. Also können die Seemooszweige nicht,

Bild 1: Der hier als Basis verwendete Baumbausatz von Busch

Bild 2: Für Winterbäume werden davon Baumrohlinge und Meerschaum benötigt.

Bild 3: Dem auf einem Brett fixierten Baum werden erste Ästchen angeklebt.

Bild 4: Per Heißklebepistole werden Filigranästchen mit Leim versehen.

wie in den meisten Bauanleitungen angegeben, beliebig in das Astwerk gedrückt werden. Vielmehr müssen sie, um der Natur entsprechend aus den Ästen herauszuwachsen, exakt an die Aststümpfe geklebt werden.

Diese Verklebung aber stellt das eigentliche Problem dar: Wie sollen die dünnen und zerbrechlichen Naturprodukte dauerhaft und in richtiger Position an die Plastik-Baumrohlinge geheftet werden? Meine Versuche mit Kunststoffkleber (zu lange Abbindezeit) schlugen ebenso fehl wie die mit Sekundenkleber (ungenügende Verbindung, Gefahr des Verklebens an den Händen statt an den Ästen). Erst Heißkleber brachte Erfolg, wobei hier die richtige Verarbeitungsweise von entscheidender Bedeutung ist.

Zur einfachen Bearbeitung des Baumrohlings sollte dieser einen festen Standplatz erhalten. So kann man mit zwei Händen gleichzeitig arbeiten. Als solche Basis gut geeignet ist beispielsweise ein Holzbrettchen, auf das man den Baumfuß mit seiner Wurzelnachbildung auf einem doppelseitigen Klebeband fixiert.

Bei der Arbeit mit dem Heißkleber darf man nicht den Fehler machen, mit der Pistole den Kunststoffästen zu nahe zu kommen: Das thermoplastische Material wird sich unweigerlich verformen. Stattdessen werden die Enden der Meerschaumzweige in die Düse der Klebepistole geschoben und allseitig mit Heißkleber benetzt. Nun heißt es, den Seemooszweig in Windeseile an die Kunststoffenden zu bringen und damit zu verkleben, denn die Klebermasse erkaltet rasch. Dennoch ist sie noch lange heiß genug, um die Finger schmerzhaft zu verbrennen – also nur mit der Pinzette anfassen!

Diese Methode lässt nicht nur exaktes Positionieren zu. Es besteht im Nebeneffekt auch die Möglichkeit, die teils recht dünnen Stielchen zu ummanteln und damit zu stabilisieren. Gegebenenfalls lassen sie sich sogar mit mehreren Kleberschichten dicker machen. Wichtig ist stets, die Wuchsform vom Ast zum Zweig zu beachten. Zugegeben, die Vorgehensweise ist zwar mühsam. Sie ist aber auch erfolgreich, wie die Bilder zeigen.

Rinden und Blätter

Wer sich Arbeit sparen will, spritzt nun den fertig verzweigten Baum mit graubrauner Farbe. So werden die unterschiedlichen Materialien einander angeglichen und die Heißkleberstellen kaschiert. Optisch befriedigender ist jedoch, wenn zuvor der Stamm und zumindest die untersten Äste mit Rinde versehen werden. Je nach gewünschter Struktur eignen sich Sägemehl oder Sand, die als Borkennachbildung mittels Weißleim aufgebracht werden.

Oft halten sich auch im späten Winter immer noch einige Blätter hartnäckig an ihren Zweigen. Manche Baumarten, speziell Eichen, bleiben sogar fast voll belaubt. Auch dies lässt sich im Modell problemlos nachbilden. Ich habe für meine Schrumpelblätter rotes Streulaub von Noch sowie simples Sägemehl verwendet. Die Befestigung ist einfach: Kleber auf die

Ästchen sprühen, da und dort Blattimitat reinrieseln lassen, zum Trocknen wegstellen. Der Abschluss der Arbeiten sollte der Airbrush bzw. geeigneten Sprühlacken (matt!) aus der Dose vorbehalten sein. Mit braungrauen Tönen erhalten Stamm, Äste, Zweige und Blätter ihre typische Winterfarbe. Außerdem wird der Glanz des Klebers überdeckt. Zuvor sollten mögliche Kleberfäden entfernt werden. Zum krönenden Abschluss kann man mit ein wenig Moos- bzw. Algengrün die Wetterseite des Baumes besprühen – fertig!

Es empfiehlt sich, vor dem Beginn jeglicher Arbeiten von unten ein Loch in den Stamm zu bohren und einen Stift (Nagel, Zahnstocherspitze etc.) darin zu befestigen. So kann man das Gewächs nicht nur später leichter im Gelände fixieren, sondern hat auch einen praktischen Griff beim Beasten und eventuellen Beflocken. Wächst der Baum in Hanglage, ist der angespritzte Wurzelfuß soweit notwendig zu entfernen. Um Wurzeln nachzubilden und einen Ausgleich für die Schräge zu schaffen, hat sich Plastilin (Knetgummi) bewährt.

Nun kann man es weiß rieseln lassen. Als Anlagenbauer wird man in der Regel die für eine dauerhafte Verwendung vorgesehenen Glitzer-Produkte von Heki und Faller einsetzen. Von Busch und Noch gibt es Materialien, die sich wie Gips anrühren lassen. Letztere Firma bietet auch „Pulverschnee“ an. Er ist vornehmlich für den vorübergehenden Einsatz gedacht oder für Dioramen. Für Anlagen mit Fahrbetrieb ist er nicht geeignet:

Der Hersteller warnt sogar davor, das Material in Lager und Getriebe der Fahrzeuge gelangen zu lassen. Der Vorteil: Wer im Frühjahr Tauwetter einsetzen lassen will (sprich: der weißen Pracht irgendwann einmal überdrüssig wird), benötigt lediglich einen Staubsauger. Wer es sich anders überlegt, kann das Noch-Weiß mit dem hauseigenen Sprühkleber dauerhaft fixieren. ◂

Bild 5: Farbunterschiede sind sichtbar.

Bild 6: Sprühkleber und Blätter aus Streumaterial sorgen für letztes Laub..

Bild 7: Mit dem Airbrush bekommt der Baum eine einheitliche Farbe.

Bild 8: Ein anderes Exemplar wird mit Borke aus Leim und Streu versehen.

Bild 9: Das Ergebnis der Berindungsaktionw

Bild 10: Einpflanzen: soo nicht! ...

Bild 11: ... Sondern so: mit einer Packung Schnee-Modelliermasse um die Wurzel.

Großer Traum
auf kleinem Raum

Erscheint Mai 2018

★★★★★ *»Karl Gebele begeistert und regt zum Bauen an.«* KUNDENREZENSION VON PIER, AMAZON

Kompakt-Anlagen

Viel Modellbahn auf wenig Raum

Als routinierter Praktiker weiß Eisenbahn-Journal-Autor Karl Gebele, wie sich große Modellbahn-Träume mit wenig Platzbedarf realisieren lassen. Auf einzigartige Weise versteht er es, faszinierende Modell-Landschaften auf kleinstem Raum zu erschaffen - mit vielen liebevoll inszenierten Szenen, aber auch mit verblüffendem Modellbahn-Betrieb. Ein rundes Dutzend dieser kompakten Anlagen sind in diesem großformatigen, reich bebilderten Band vertreten. Karl Gebele zeigt nachvollziehbar, wie viel Modellbahn auf Flächen zwischen einem und vier Quadratmetern möglich ist - inklusive detaillierter Gleispläne und Stücklisten.

176 Seiten, Format 24,5 x 29,2 cm, ca. 500 farbige Abbildungen, Hardcovereinband

Best.-Nr. 581733 | € 29,95

Traumanlagen

von Modellbahnprofis

Dieser Sammelband präsentiert die schönsten Modellbahn-Anlagen aus dem »Eisenbahn-Journal«: Josef Brandls exakt nachgebaute »Schiefe Ebene« in H0, Gerhard Dauschers und Michael Butkays »Modellbundesbahn« aus Bad Driburg, Rolf Knippers und Wolfgang Langmessers Hommagen an Industrie und Eisenbahn im Ruhrgebiet der 1960er-Jahre haben in Szenekreisen längst legendären Ruf. Mit seiner Fülle an wertvollen Expertentipps und kreativen Anregungen ist das hochwertig ausgestattete Buch eine einzigartige Informationsquelle und Ideenfundgrube für alle Modellbahner.

240 Seiten, Format 24,5 x 29,2 cm, 650 farbige Abbildungen, Hardcovereinband

Best.-Nr. 581104 | € 29,95

Eisenbahn JOURNAL

Erhältlich im Buch- und Fachhandel oder direkt beim VGB-Bestellservice, Am Fohlenhof 9a, 82256 Fürstenfeldbruck, Tel. 0 81 41 / 5 34 81-0, Fax 0 81 41 / 5 34 81-100, bestellung@vgbahn.de

VGB [VERLAGSGRUPPE BAHN]

Voll ausgestatteter Modellbahnladen in H0

Erinnerung an 1978

Das Verschwinden der Modellbahnhändler ist ein seit Jahrzehnten zu beobachtender Vorgang, gegen den es offenbar kein Mittel gibt. Doch wenigstens auf der eigenen Anlage kann man die Erinnerung an den liebgewordenen Laden der Jugendzeit erhalten.

Kindheitserlebnisse prägen sich meistens gut ein. Und so kam mir der Gedanke, den Modellbahnladen meiner Kindertage für eine neue Anlage der Epoche III nachzubauen. Das Original der „Modellbahnecke" stand in Bremen, Am Dobben 135. Anzeigen des Geschäfts finden sich häufig in Miba-Ausgaben der 60er- bis 70er-Jahre.

Besitzer waren damals zwei Damen aus der engeren Bekanntschaft, bei denen ich als „Ziehsohn" schon mit ca. 12 Jahren im Laden aushelfen durfte. Meine Aufgaben bestanden zunächst darin, Ware aufzufüllen und Wiking-Autos zu verkaufen. Später durfte ich auch kleinere Reparaturen ausführen sowie verkaufen und beraten. 1972 haben die beiden Frauen das Geschäft aus Altersgründen verkauft. Der neue Inhaber hatte aber kein glückliches Händchen und musste den Laden 1984 schließlich aufgeben.

Das Geschäft hat nur Modellbahn-Artikel verkauft, vornehmlich von Märklin. Fast alle Ersatzteile waren stets vorrätig, was viel Arbeitsaufwand brachte, aber auch eine sehr gute Kundenbindung bedeutete.

Nachdem der Entschluss zu diesem Projekt gefallen war, gelang es überraschend schnell, aus dem Langzeitgedächtnis heraus eine Skizze anzufertigen. Fast genauso rasch war sie mit dem Anzeichnen und Ausschneiden von Grundplatte und Wänden auf 2-mm-Kunststoff dreidimensional umgesetzt.

H0-Modelle in H0

Die wirkliche Herausforderung aber lag in den Details der Schaufenstergestaltung und der Bestückung der Regale mit Modellen. Hierzu habe ich Vorlagen aus alten Katalogen eingescannt, mit einem Bildbearbeitungsprogramm verkleinert,

1

2

3

4

5

6

Bild 1: Die Basis des Modells bildet eine Kunststoffplatte mit aufgezeichnetem Einrichtungsplan. Die Auslage ist bereits bestückt, sogar zwei kleine Züge fehlen nicht. H0-Modelle in H0!

Bild 2: Dank des abnehmbaren Oberteils ist die Inneneinrichtung des Ladens gut erkennbar. Vom Blumenstrauß auf der Theke über die Packungsfarben der Ware bis hin zum Furnierton der Regalwände ist alles detailgetreu und atmosphärisch dicht wiedergegeben.

Bild 3: Aus winzigen Stücken Kunststoffprofil entstanden die Lok- und Wagenpackungen.

Bild 4: Die Regale im Rohzustand. Auch für die Theken-Vitrinen fehlt noch die Glasabdeckung.

Bild 5: Kaum zu erkennen, aber da: die beiden Testgleise, daneben ein alter dunkelblauer Märklin-Trafo.

Bild 6: Die Zeitschriftenecke. Den vierten Stapel von links bildet EJ-Vorgänger M+F Journal, Ausgabe 2/78.

kontrastreicher gestellt und ausgedruckt. Der Bogen wurde dann auf 2-mm-Graupappe geklebt und die kleinen Kartonabbildungen ausgeschnitten. Nach dem Einfärben der Kanten entstanden so Modellbahn-Abbilder Maßstab 1:87 im Look der 60er- bis 70er-Jahre.

Aus Polystyrolabschnitten habe ich versucht, das Modellbahn- und Zubehörangebot von Faller bis Wiking darzustellen. Epochentypisch ergänzen zwei aufgeständerte Glasplatten im Schaufenster die Dekoration. Auf der linken Platte werden die Wiking-Neuheiten präsentiert, auf der rechten soll ein kleines Diorama die Lust auf den Modellbau wecken. Tresen und Schränke wurden aus 1-mm-Material gefertigt.

Eine kleine Herausforderung war das linke hintere Regal an der Wandfläche mit den vielen Wiking-Modellen, die auf zwei schräg angebrachten Regalbrettern einzeln aufgeklebt wurden. Alle anderen Teile wie Tür und Kippfenster wurden aus 0,5-mm-Kunststoff geschnitten. Der versenkt eingebaute Rost als Fußabtritt stammt von Kotol. Natürlich ist im Laden auch für weiterbildende Lektüre gesorgt: In Stapeln finden die Preiser-Figuren damals aktuelle Ausgaben vom M+F Journal, vom Faller- und vom Märklin-Magazin sowie von der Miba vor.

Um alle Feinheiten auch nach dem Einbau in die Anlage betrachten zu können, wurde das Dach abnehmbar gestaltet. Neun SMDs sorgen für stimmungsvolle Beleuchtung. Ihren Strom bekommen sie über zwei Neodymmagnete, an die Kabel angelötet wurden.

Ist der Lötvorgang nur kurz, verlieren die sehr starken Magnete nur wenig von ihrer Kraft. Am Dach selber dienen zwei als Abgas- bzw. Entlüftungsrohr getarnte Schrauben als Griffe und sorgen und für einen sicheren Halt. ◄

Liliputs Einheits-Abteilwagen »märklinisiert«

Mit Schleifer

Liliput liefert den Einheits-Abteilwagen Cd-21 mit filigranen Zugschlusslaternen aus. Damit die Laternen auch auf Märklin-Gleisen funktionieren, muss der Wagen einen Schleifer erhalten. Und es liegt natürlich nahe, auch gleich eine Innenbeleuchtung einzubauen.

Der Cd-21 ist Teil der Einheits-Abteilwagen-Serie mit den anderen Mitgliedern B-21, C-21, Cd-27 und Ctr-21/37. Soll nun ein ganzer Zug aus diesen Wagen mit Innenbeleuchtungen ausgestattet werden, müssen an jedem Wagen Schleifer angebracht werden – entweder nur Radschleifer für Zweileiteranlagen oder auch noch Skischleifer für Mittelleitergleise. Koppelt man die Wagen jedoch mit stromführenden Kupplungen, kann man sich eine Menge Umbaumühe sparen.

Als Innenbeleuchtungen kommen die von Liliput unter der Artikelnummer L38951 angebotenen Sets zum Einsatz. Sie sind optimal auf die hauseigenen Fahrzeuge abgestimmt und bringen alles zum Umbau Nötige mit – auch die Radschleifer, die direkt in die Bastelkiste wandern können. Als Lichtfarbe haben wir, passend zu den alten Wagen, Gelb gewählt. Geeignete stromführende Kupplungen, hier zweipolige Typen, liefert Viessmann zu.

Die hauptsächliche Umbauarbeit ist am bereits ab Werk mit Radschleifern versehenen Cd-21 zu leisten. Öffnet man den Wagen gemäß Herstelleranleitung, indem man das Dach abklippst, fällt der flach über dem Wageninneren liegende klare Kunststoffkörper mit Kontaktflächen rechts und links auf. An diese Kontakte sind die Radschleifer angeschlossen. Die Schlussleuchten – rote SMD-LEDs – sitzen auf einer am Wagenende senkrecht montierten Platine. Sie erhalten ihren Strom über Kontaktfedern, die auf die Flächen am klaren Kunststoffkörper drücken.

Betrachtet man die Innenbeleuchtungen von Liliput, erkennt man vergleichbare Kontaktflächen an der rechten und linken Längsseite, auch sind ihre Abmessungen denen des eingebauten Teils identisch. Es gilt nun, alle Kabel von den Radkontakten auf einer Wagenseite zusammenzufassen und Mittelschleifer und Kupplungen zu montieren und anzuschließen. Dazu ist die Inneneinrichtung aus dem Wagen auszubauen.

Zuerst werden die zwei klaren Querstege entfernt – diese gut unterbringen, sie werden später wieder gebraucht! Die Inneneinrichtung selbst wird von Rastnasen an den Kabelführungen gehalten. Dehnt man die Wagenwände vorsichtig ein Stück nach außen und schiebt gleichzeitig einen feinen Schraubendreher zwischen Wand und Kabelführung, kann man die dort liegende Rastnase lösen und das Einrichtungsteil an dieser Stelle ein wenig nach oben ziehen. Wiederholt man dies reihum mehrfach, hat man den Wagen irgendwann von seiner Einrichtung befreit.

Die angespritzten Kabelführungen sind perfekt auf die bei den Liliput-Innenbeleuchtungen verwendeten dünnen Kabel abgestimmt. Dickere, wie z.B. die der Kupplungen, oder gar mehrere finden dort keinen Platz. Es bietet sich an, die Kabel in den Fahrzeugecken nach oben zu führen. Dazu ist die Inneneinrichtung zu modifizieren. An allen vier Ecken wird ein ca. 2 x 2 mm großer Kabeldurchlass herausgesägt, ein Kanal für die Kabel entsteht entlang des Mittelgangs von den Achspositionen zu den Wagenenden hin.

Am besten noch bevor die Kupplung am nicht beleuchteten Wagenende in den Normschacht gesteckt wird, formt man über einem 2--3-mm-Rundmaterial eine Schlaufe in deren Kabel. So kann die Kupplung in ihrer Kulisse ausschwenken, ohne dass die Kabel gespannt werden. Als Öffnung ins Wageninnere bietet sich die Durchführung der Radkontakte an. Auch wenn dies später in diesem Zug eigentlich keine Rolle mehr spielt, sollte man sich bei der Kontaktbelegung der Kupplung auf ein einheitliches Schema festlegen. Hier ist der untere Kontakt für den Mittelschleifer vorgesehen, das entsprechende Kabel wurde markiert.

Am anderen, schlussbeleuchteten Wagenende verläuft das Kabel vom Wageninneren zu den Punktkontakten auf dem spiegelbildlich gleichen Weg. Der Schleifer selbst und seine Halterung sind Ersatzteile von Liliput. Zur Montage unter dem Wagenboden muss die Halterung aufgefüttert werden. Ein leicht zu bearbeitendes Material für solche Zwecke ist eine Lochrasterplatine.

Die Dicke beträgt meist 1,6 mm, die Oberflächen sind glatt, das Material lässt sich gut mit Sekundenkleber fixieren. Fünf passend ausgeschnittene Stücke – je ca. 9,5 x 10 mm – werden Schicht für Schicht in den mit dem Kabel versehenen Halter eingeklebt, das Kabel durch den

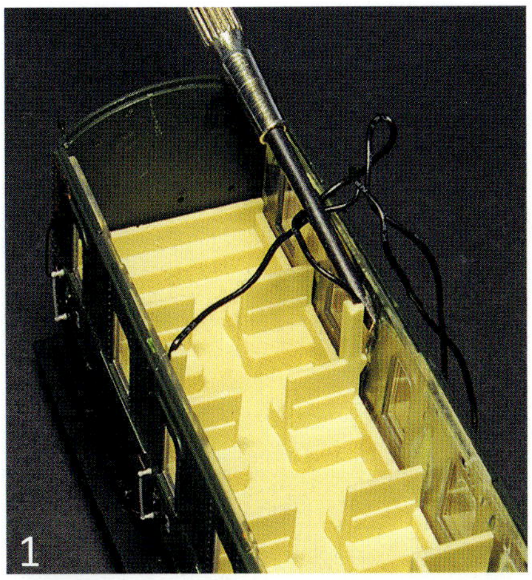

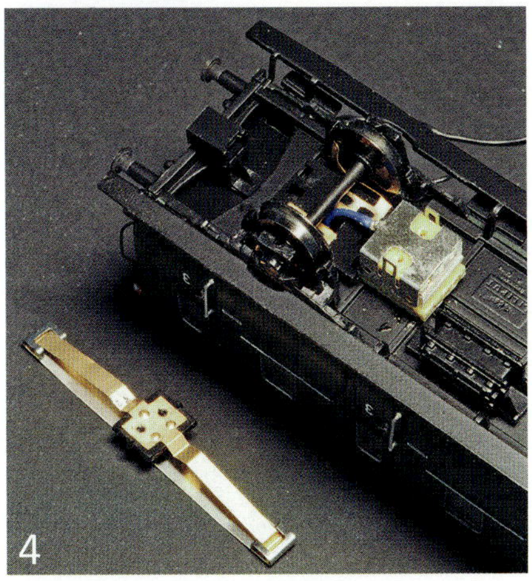

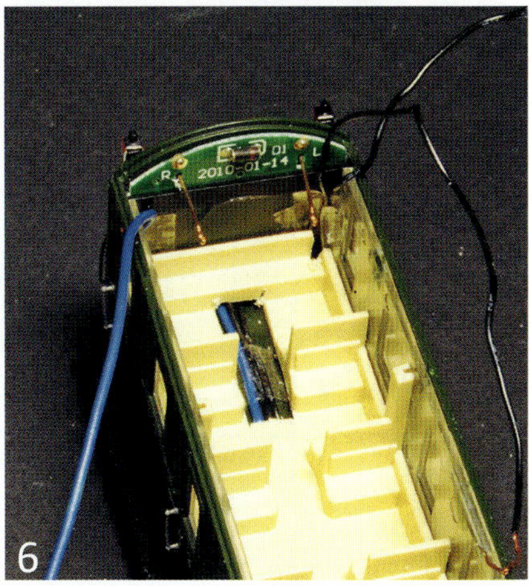

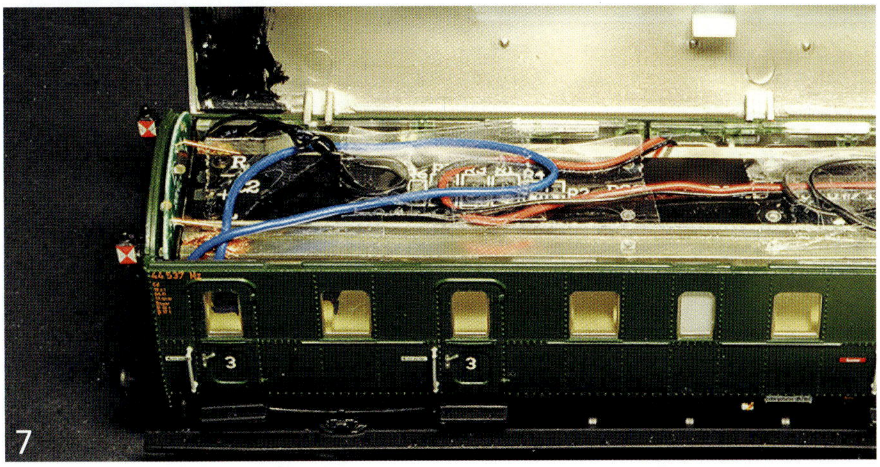

Bild 1: Die Inneneinrichtungen werden von Rastnasen an den Kabelführungen gehalten.

Bild 2: Die stromleitende Kupplung ist eingebaut. Die Kabelschlingen sorgen für Beweglichkeit.

Bild 3. Der Schleiferhalter muss unterfüttert werden. Dies geschieht mit Platinenmaterial.

Bild 4. Der unterfütterte Schleiferhalter wird mit Sekundenkleber unter den Wagen geklebt.

Bild 5: Die neue Kabelführung im Wagenkasten wird mit Klebeband fixiert. Hier die Kupplungsseite

Bild 6: Die Inneneinrichtung muss etwas nachbearbeitet werden, um Platz zu schaffen (Schleiferseite).

Bild 7: Die Beleuchtung ist eingebaut, nun muss nur noch das Dach aufgeklippst werden.

Wagenboden gefädelt und der Schleiferhalter-Block exakt in Mitte der Fahrzeuglängsachse unter den Boden geklebt. Der Abstand zum Radsatz wird so gewählt, dass der Schleifer die Achse nicht behindern kann.

Bei der Verkabelung folgt man der Liliput-Idee: Abisoliertes Ende durch die Kontaktniete stecken und so herumwickeln, dass die Kabelseele in dem Kontaktschlitz eingeklemmt wird. Hier kann später nichts mehr herausrutschen. Vor der Positionierung der Beleuchtung sind die klaren Querstege im Wageninneren zu montieren und der ab Werk an einem 10-cm-Kabel montierte Pufferkondensator der Beleuchtung in eine der Toiletten zu stecken. Liegt die Lichtleiste dann an ihrem Platz, werden die (ja reichlich bemessenen) Kabel in einer Schlaufe nach oben herausgezogen, miteinander verdreht und mit Klebeband auf der Lichtplatine fixiert. Nach einem Probeleuchten kann schon das Dach aufgesetzt werden.

Die anderen Wagen werden in vergleichbarer Weise hergerichtet – nur dass hier ausschließlich die leitenden Kupplungen und die Beleuchtungen montiert werden; die mitgelieferten Radschleiferbrücken wandern in die Bastelkiste. ◂

Regionaltypische Attribute zufügen

Sägewerk auf Allgäuer Art

Zu den beliebtesten Modellbahnmotiven abseits der Gleise gehören Sägemühlen. Entsprechend üppig ist das Angebot an Bausätzen. Wer regionalbezogen baut, stößt aber schnell an die Sortimentsgrenze. Benötigt wurde ein Sägewerk im Voralpenstil.

Als Blickfang am Wasser stellte ich mir eine Sägemühle im oberschwäbisch/Allgäuer Baustil vor. Leider bot der Zubehörhandel jedoch nichts Passendes. Schließlich kam ich auf die Idee, das Sägewerk aus drei Modellen zu kombinieren: Dem Bergbauernhof von Noch (65010) sowie dem Sägewerk 3799 und der Getreidemühle 3687 von Vollmer. Die beiden Letzteren benötigte ich vor allem als Spender für Sägewerk und Mühlrad sowie für einige Mauerteile zur Befestigung des Motors. Die übrigen Gebäudeteile wanderten zur gelegentlichen Verwendung in die Bastelkiste.

Da der Noch-Hof als Fertigmodell angeboten wird, konnte ich schon vor dem Kauf im Laden planen, wo Mühlrad und Antrieb (denn drehen sollte sich das Rad auf jeden Fall) realistisch und wartungsfreundlich eingebaut werden könnten. Rasch zeigte sich, dass der etwas versetzte Anbau am Bauernhaus wie geschaffen dafür war. Mit dem Rad in dieser Position konnte auch der Bachlauf vor dem Wohnhaus vorbeigeführt werden.

Direkt neben dem Anbau sollte das eigentliche Sägewerk mit dem Sägegatter seinen Platz finden. Anfängliche Sorgen, wie das Fertigmodell von Noch ohne Schaden zu zerlegen sei, erwiesen sich rasch als überflüssig, da das Dach mit dem Gebäude verschraubt ist. Löst man die Schrauben, können die Teile fast problemlos getrennt werden. Allein die Fallrohre der Dachrinnen sind zuvor mit einem kleinen Schraubenzieher vorsichtig aus den Hauswänden zu lösen.

Position finden

Stellversuche der einzelnen Bauteile zeigten rasch, wo Sägeschnitte notwendig waren oder gar Mauerteile herausgesägt werden mussten. Mit Hilfe einer Laubsä-

1

2

3

4

5

6

7

8

9

ge gelingt dies vorzüglich. So musste das Tor des Anbaus herausgetrennt werden, um Platz für den Motor zu schaffen. An die Stelle des Tors habe ich ein Mauerteil der Getreidemühle eingepasst. Damit sich das Mühlrad in der Bachmitte auch drehen kann, war es notwendig, den Anbau um ca. 6 mm zu verlängern. Dies erfolgte durch an das neue Wandelement gesetzte Seitenteile. Nach kurzen Anpassungen konnte ich die neuen Bauteile mit Sekundenkleber befestigen. Hat man bereits beim Sägen genau gearbeitet, passt alles zusammen, sodass zusätzliche Spachtelarbeiten nicht notwendig sind.

Bild 1: Die drei Materiallieferanten für den Mühlenbau. Von den Vollmer-Modellen werden nur wenige Teile gebraucht, sodass die Gebäude problemlos noch anderweitig verwendet werden können.

Bild 2: Das Dach des Noch-Hofs lässt sich abschrauben.

Bild 3: Diese Teile werden von den Vollmerbausätzen benötigt.

Bild 4: Beim Anbau des Hofs ist ein Wandstück herauszusägen.

Bild 5: Es wird durch ein passend gesägtes Teil der Vollmer-Mühle ersetzt.

Bild 6: Die Lage des Faller-Motors im Anbau

Bild 7: Stücke von Mauerplatten bilden die Bachkante.

Bild 8: Vor dem Verputzen werden alle Wandanbauten abgetrennt.

Bild 9: Zum Verputzen werden ein Sieb, Sand und Leim sowie das bekannte Wasser-Weißleim-Gemisch benötigt.

10

11

12

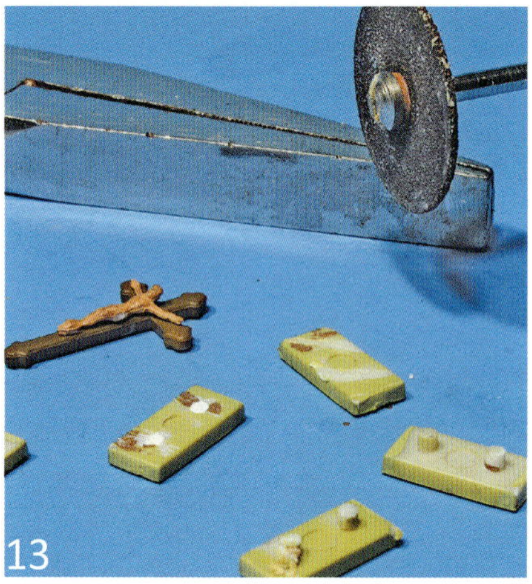
13

14

15

Die Hartschaum-Grundplatte des Bauernhofs wurde so zugeschnitten, dass Hauptgebäude und Sägewerksteil eine einheitliche Standhöhe haben. Kleine Sperrholzstücke geben dem Bau ausreichende Festigkeit. Den Höhenunterschied hinunter zum Bachbett gleicht entlang des Gebäudes eine Bruchstein-Mauerplatte aus, die zugleich als Uferbefestigung wirkt. Als am Gebäude alle Mauerteile fest verklebt waren, setzte ich den Motor ein und steckte das Mühlrad auf die Motorwelle. Eine erste Stellprobe zeigte, dass sich das Rad drehte, ohne am Bachbett zu streifen.

Wände verputzen

Nun hätte eigentlich der Gebäudekomplex wieder zusammengebaut werden können. Ich wollte jedoch, dass sich das Gebäude deutlich von dem normalen Bauernhof-Modell unterscheidet. Also bekamen die Holzwände des Wohnhauses einen Verputz. Dafür mussten zunächst mit dem Bastelmesser Fensterläden und andere Anbauteile entfernt werden. Fensterrahmen und -scheiben blieben ungeschoren. Anschließend wurden die Holzwände mit unverdünntem Weißleim satt eingestrichen. Das gelingt am besten mit einem kleinen weichen Pinsel. In den Weißleim habe ich sofort mit einem feinen Sieb satt Vogelsand gestreut. Nach kurzer Trocknung konnte bereits das Restmaterial abgeschüttelt werden. Nun wurde die noch feuchte „Putz"-Schicht behutsam mit verdünntem Weißleim (Leim:Wasser etwa 1:4 plus etwas Spülmittel) beträufelt und noch einmal Vogelsand darüber gesiebt. Das Ergebnis war ganz hervorragend imitierter Rauputz. Überschüssiges Material wurde wieder abgeschüttelt. Versehentlich verschmierte Fenster habe ich behutsam gesäubert.

Knapp vier Stunden dauerte es, bis der Verputz vollständig getrocknet war. In der Zwischenzeit habe ich die Fensterläden überarbeitet. Auf ihrer Rückseite befinden sich je zwei Zapfen, die genauso abzuschneiden waren wie die der Fallrohre. Nun granierte ich den abgetrockneten Rauputz mit weißer und etwas grauer Farbe, bevor ich die jetzt grün lackierten Läden aufklebte. Danach wurden das Hausdach und die Fallrohre montiert.

Einer gründlichen Überarbeitung unterziehen lassen musste sich auch das Schindeldach auf dem Wirtschaftsteil des Hauses. Es sollte eine Abdeckung aus Teerpappe bekommen, was relativ einfach zu gestalten ist: Aus einem Bogen feinem Schleifpapier (Körnung 240) wurden Streifen von ca. 12 mm Breite geschnitten. Diese klebte ich von unten nach oben und etwas überlappend direkt auf die Schindeln sowie das Dächlein über dem Sägegatter. Zusätzlich wurde alles mit schwarzer Farbe aus der Sprühdose eingenebelt. Noch sichtbare Schnittkanten und Übergänge habe ich mit dem Pinsel ausgebessert.

Eigentlich hätte jetzt das Sägewerk schon eingebaut werden können, um dann das notwendige Stauwehr sowie den Bachlauf anzulegen. Aber etwas fehlte, um den Bau typisch voralpin zu prägen: der üppig mit Blumen geschmückte Balkon. Ausgerechnet den hat Nochs Haus nicht.

In der Bastelkiste fanden sich ein Holzplättchen sowie mehrere Zäune als Brüstung. Aus dem Holz wurden Streifen von ca. 10 mm Länge für die Bodenbretter geschnitten. Anschließend habe ich die Einzelteile der Fassade angepasst und mit Uhu-hart fixiert. Braune Farbe verlieh dem Ganzen das Aussehen verwitterten Holzes. Einen Zugang hat der Balkon zwar nicht. Aber ist Ihnen das schon aufgefallen?

Um die Blumenpracht zu gestalten, habe ich auf die Oberkante des Balkongeländers eine dicke Raupe Uhu-hart

16

17

18

19

20

aufgetragen. Darin wurde ein leicht ausgezogenes Stück mittelgrüne Woodland-Foliage als Trägermaterial geklebt. Anschließend habe ich dieses satt mit Uhu-Flüssigkleber beträufelt. Da hinein ließ ich so lange verschiedene Farben Blüten-Flocken aus dem Noch-Sortiment 07170 rieseln, bis die gewünschte Blumenpracht erreicht war. Überschüssiges Material wurde abgeschüttelt und ließ sich für eine bunte Blumenwiese verwenden. Im Bereich des Mühlrads wurde, ebenfalls mit Foliage, Efeubewuchs angedeutet.

Patinieren vorm Einbau

Vor dem endgültigen Einbau in die Anlage wurde das komplette Gebäude nochmals mit verschiedenen Acrylfarben gealtert und patiniert. Zum Einbau in die Landschaft habe ich die Noch-Geländespachtel „Granit" bzw. „Sandstein" verwendet.

Die noch fehlende Wehranlage habe ich aus Restmaterialien wie Mauerplatten, Holzbrettern, Eisenteilen, Geländern usw. gleich an Ort und Stelle zusammengebastelt. Zunächst entstand das Gegenlager der Mühlradwelle. Dazu habe ich einen Rest Mauerplatte so ins Bachbett geklebt, dass das Wellenende genau auf der Mauer aufliegt. Dies teilte gleichzeitig den Bachlauf in zwei Kanäle. Begrenzt werden sie ebenfalls mit Mauerplatten.

Um am Mühlrad den typischen Wasserglanz (ablaufendes Wasser ist schwer zu realisieren) darzustellen, habe ich das Rad einmal mit Nochs Wasser-Effekt sowie zweimal mit Wasser-Gel satt eingestrichen.

Kurz vor dem Rad können die beiden Kanäle durch das Wehr gesperrt werden. Als Führung der Schieber habe ich jeweils zwei U-Profile in die Mauern geklebt. Mit einem Bastelmesser ließen sie sich einfach versenkt einbauen. In diese U-Profile wurden die aus einem Kunststoffplättchen geschnittenen Bretter eingepasst. Jedes Wehr bekam zudem die Hebevorrichtungen angebaut, mit der die Schieber verstellt werden können. Das Material für Handräder, Wellen usw. fand sich in der Restekiste. Nötig war auch ein kleiner Verbindungssteg über die beiden Kanäle, um die Hebevorrichtung auch bedienen zu können. Stücke von Zäunen sichern Benutzer des Stegs gegen Absturz.

Zu beachten war, dass die Wehrgatter so eingebaut wurden, dass sie den angenommenen Wassermassen standhalten und nicht weggedrückt werden können. Abschließend wurden alle Teile patiniert und mit Foliage der Moos- und Efeubewuchs nachgebildet. ◂

Bild 10: Dann wird die Wand mit Leim bestrichen.

Bild 11: Sand wird hineingestreut.

Bild 12: Zuletzt tränkt man alles mit verdünntem Weißleim.

Bild 13: Die Befestigungsstifte auf der Rückseite der Fensterläden werden abgetrennt.

Bild 14: Anschließend bekommen die Läden einen neuen Anstrich mit Sprühlack.

Bild 15: Granieren mit Weiß betont die feinen Strukturen des Rauputzes.

Bild 16: Das viel zu helle Schindeldach des Bauernhofs wird mit Teerpappe (feinem Schleifpapier) neu gedeckt.

Bilder 17 und 18: Sprühlack gibt dem Schmirgelpapier ein einheitliches Aussehen. Abkleben ist dabei das A und O, um die Umgebung nicht mitzulackieren.

Bild 19: Was wäre ein traditionelles Voralpenhaus ohne Blumenschmuck am Balkon? Farbige Flocken gibt es von vielen Herstellern.

Bild 20: Auf eine Unterlage aus grüner Foliage werden die „Blumen" gepflanzt.

Modellbäume natürlicher wirken lassen

Flaschenputzer?

Fichten von Model Scene bieten ein gutes Preis-/ Leistungsverhältnis und eine schön natürlich wirkende Farbgebung. Ihre Form jedoch ähnelt in ihrer Gleichmäßigkeit den berüchtigten „Flaschenputzern". Doch das lässt sich ändern.

Stellt man die Fichten des tschechischen Herstellers in größerer Zahl auf, wirken sie auch packungsfrisch recht überzeugend. Einzeln positioniert aber fällt die allzu gleichmäßige Dreiecksform auf. Auch lassen die produktionsbedingt waagrecht abstehenden Äste die Auswirkung der Schwerkraft vermissen.

Diesem Manko lässt sich aber leicht abhelfen, indem man jeden Baum mit einer Hand an der Spitze nimmt und mit der anderen ringförmig abstreift. Ganz von selbst werden so die Äste nach unten gebogen. Ein Teil der „Flaschenputzer"-Form ist damit schon überwunden.

Der nächste Schritt mag dem einen oder anderen zwar etwas leid tun, muss der schöne Baum dabei doch einige Federn lassen. Um eine naturentsprechend ungleichere Wuchsform zu bekommen, ist er aber unerlässlich – und außerdem sind die „Federn" recyclebar: Mit den Fingern zupft man rundherum Äste aus, was bei den Model-Scene-Bäumen recht leicht geht. Statt einer überall in etwa gleich dichten Aststruktur weist der Baum jetzt diverse Löcher und Lücken im Astwerk auf. Geht man nicht allzu rabiat vor, bleiben noch genügend Zweige übrig, um den Drahtstamm im Inneren zu verdecken.

Neue Aufgaben für alte Decoder

Zweitverwertung

Welcher Märklinist hätte nicht die eine oder andere Lok mit Delta-Decoder im Bestand? Gerne wird ein Hochleistungsantrieb eingebaut und der „Delta" fliegt raus. Doch zum Wegwerfen ist die alte Elektronik eigentlich zu schade!

Das Delta-System war von Märklin als Einsteigersystem konzipiert worden, das Modellbahner zur „großen" Mehrzuglösung Märklin Digital hinführen sollte. Demnach wurden die Delta-Elektroniken in ihren Fähigkeiten stark eingeschränkt. Im Wesentlichen bieten sie nur die Möglichkeit, mittels Märklin-Motorola-Digitalprotokoll mehrere Loks unabhängig voneinander fahren zu lassen. Schaltbare Funktionen sind nicht vorgesehen. Die Einschränkungen gehen sogar so weit, dass ein Delta-Decoder am Lichtausgang das Verhalten analoger Fahrzeuge simuliert – mit steigender Geschwindigkeit wird auch das Licht heller.

Dieser Effekt wird hier genutzt: Die Elektronik dient als Schaltdecoder für die Innenbeleuchtung von Personenzugwagen, die Beleuchtung kann also über eine eigene Lokadresse angesprochen und mit dem normalen Fahrregler in ihrer Helligkeit eingestellt werden. Soll sie hingegen ausgeschaltet bleiben, wird die Fahrtrichtung am Regler umgedreht. Ergänzt mit einem Gleichrichter und einem Kondensator, flackert die Beleuchtung auch bei Kontaktschwierigkeiten oder dem Überfahren kurzer stromloser Abschnitte nicht.

Zur Montage sind alle Kabel bis auf das rote, das braune und das des gewünschten Lichtausgangs abzulöten. Der zu beleuchtende Wagen benötigt einen Mittelschleifer und auch der Masseanschluss zu den Schienen muss gegeben sein. Am Schleifer wird das rote Kabel angelötet, das braune kommt an Masse. Sodann sind, gemäß Schaltplan, der Gleichrichter und der Kondensator zu verbinden. Nun kann die Lichtleiste (oder das Birnchen) angeschlossen werden. ◂

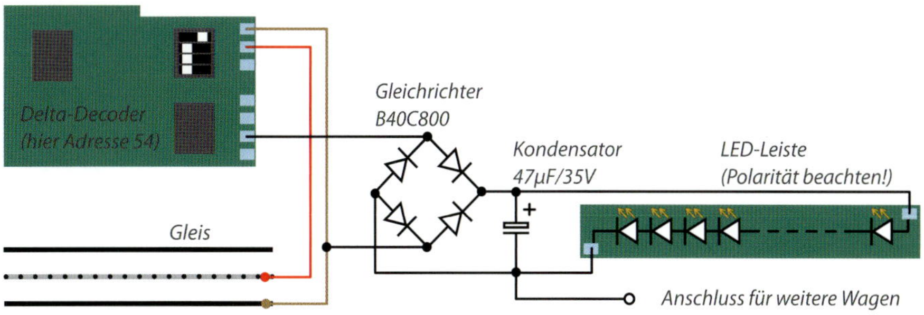

Bild 1: Den Baum mit einer Hand an der Spitze nehmen und mit der anderen ringförmig abstreifen.

Bild 2: Der Baum schaut gleich struppiger und viel weniger nach Flaschenputzer aus.

Bild 3: Mit den Fingern zupft man nun rundherum Äste aus.

Bild 4: Diese herausgezupften Ästchen klebt man mit etwas Weißleim an vorhandene an und verlängert und verdichtet diese so.

Der letzte Schritt schließlich macht endgültig Schluss mit dem Flaschenputzer: Nach der Methode „Christbaum-Tuning" (zu dicht stehende Zweige werden amputiert und an kahlen Stellen per Bohrmaschine wieder eingesetzt) nutzt man die ausgerupften Ästchen, um vorhandene zu verlängern. Weißleim sorgt für Halt.

Nun hängen die Zweige leicht, Bewuchslücken und unterschiedliche Astlängen sind entstanden. Damit können die Bäume nicht nur farblich überzeugen, sondern auch in der Form kommen sie dem Vorbild ein ganzes Stück näher. ◂◂

Der Farbcode

Die einzelnen Kapitel sind verschiedenen Themenbereichen zugeordnet. Manche der Artikel könnten verschiedenen Themen gleichzeitig angehören – wir haben uns für das entschieden, was uns am plausibelsten erschien.

- ››› Gebäude
- ››› Ausgestaltung
- ››› Betrieb
- ››› Technik
- ››› Am Gleis
- ››› Fahrzeuge
- ››› Bäume

Unsere Fachhändler im In- und Ausland, geordnet nach Postleitzahlen

Modellbahn-Center • EUROTRAIN® Idee+Spiel-Fachgeschäft • Spielzeugring-Fachgeschäft
FH = Fachhändler • RW = Reparaturdienst und Werkstätten • H = Hersteller • A = Antiquariat • B = Buchhändler • SA = Schauanlagen

01187 Dresden
SCHILDHAUER-MODELLBAHN
Würzburger Str. 81
Tel.: 0351 / 27979215 • Fax: 0351 / 27979213
www.modellbahn-schildhauer.de
modellbahn-schildhauer@online.de
FH

01445 Radebeul
MODELLEISENBAHNEN Grundkötter GmbH
Hauptstr. 22
Tel.: 0351 / 8308180 • Fax: 0351 / 8365950
www.modellbahn-radebeul.de • gruni64@aol.com
FH/RW

04159 Leipzig
bahnundbuch.de
Versandhandel für Fachliteratur, Videos, DVDs, CDs
Raustr. 12
Tel.: 0341 / 2682492 • www.bahnundbuch.de
B

10318 Berlin
MODELLBAHNBOX KARLSHORST
Treskow-Allee 104
Tel.: 030 / 5083041
www.modellbahnbox.de
FH/RW/A EUROTRAIN®

10589 Berlin
MODELLB. am Mierendorffplatz GmbH
Mierendorffplatz 16
Direkt an der U7 / Märklin-Shop-Berlin
Tel.: 030 / 3449367 • Fax: 030 / 3456509
www.Modellbahnen-Berlin.de
FH EUROTRAIN®

10789 Berlin
MODELLBAHNEN TURBERG
Lietzenburger Str. 51
Tel.: 030 / 2199900
Fax: 030 / 21999099
www.turberg.de
FH/RW/A/B EUROTRAIN®

12105 Berlin
MODELLBAHN PIETSCH GMBH
Prühßstr. 34
Tel./Fax: 030 / 7067777
www.modellbahn-pietsch.com
EUROTRAIN®

14057 Berlin
BREYER MODELLEISENBAHNEN
Kaiserdamm 99
Tel./Fax: 030 / 3016784
www.breyer-modellbahnen.de
FH/RW/A

22083 Hamburg
MEISES ModellbahnCenter MMC GmbH & Co. KG
Beethovenstr. 64
Tel.: 040/60563593 • Fax: 040/18042390
www.meises-mobacenter.de
FH/RW EUROTRAIN®

25355 Barmstedt
MODELLBAHNEN HARTMANN
Reichenstr. 24
Tel.: 04123 / 6706
Fax: 04123 / 959473
Modellbahnen-Hartmann@t-online.de
FH/RW/B EUROTRAIN®

28865 Lilienthal b. Bremen
HAAR MODELLBAHN-SPEZIALIST
Hauptstr. 96
Tel.: 04298 / 916521 • Fax: 04298 / 916527
haar.lilienthal@vedes.de
FH/RW

30159 Hannover
TRAIN & PLAY
Modelleisenbahnen • Modellautos
Breite Str. 7 • Georgswall 12
Tel.: 0511 / 2712701
Fax: 0511 / 9794430
FH/RW/A

31860 Emmerthal
MODELLBAHNBAU HILKER
Schloßstr. 26
Tel.: 05155 / 8575
www.hilker-modellbau.de
FH

33102 Paderborn
EMS EXCLUSIV MODELL-SESTER
Friedrichstr. 7 • Am Westerntor
Tel.: 05251 / 184752 • Fax: 05251 / 184753
www.modellbahn-sester.de
info@modellbau-sester.de
FH/RW/A/B

34379 Calden
RAABE'S SPIELZEUGKISTE
Ankauf – Verkauf von Modelleisenbahnen, Autos
Wilhelmsthaler Str. 11
Tel.: 05674/8234317 • wraabe@gmx.net
FH/RW/A/SA

40217 Düsseldorf
MENZELS LOKSCHUPPEN TÖFF-TÖFF GMBH
Friedrichstr. 6 • LVA-Passage
Tel.: 0211 / 373328
www.menzels-lokschuppen.de
FH/RW EUROTRAIN®

42289 Wuppertal
MODELLBAHN APITZ GMBH
Heckinghauser Str. 218
Tel.: 0202 / 626457 • Fax: 0202 / 629263
www.modellbahn-apitz.de
FH

44141 Dortmund
DER LOKSCHUPPEN DORTMUND GMBH
Märkische Str. 227
Tel.: 0231 / 412920 • Fax: 0231 / 421916
www.Lokschuppen.com
FH EUROTRAIN®

44339 Dortmund
MODELL TOM
• NEU • GEBRAUCHT • SERVICE •
Evinger Str. 484
Tel.: 0231 / 8820579 • Fax: 0231 / 8822536
www.modelltom.com
FH/RW

45479 Mülheim
MODELLBAHNLÄDCHEN EULER K. EULER
Grabenstr. 2
Tel.: 0208 / 423573 • Fax: 0208 / 30599996
modellbahneuler@aol.com
FH

49078 Osnabrück
J.B. MODELLBAHN-SERVICE
Lotter Str. 37
Tel.: 0541 / 433135
Fax: 0541 / 47464
www.jbmodellbahnservice.de
FH/RW EUROTRAIN®

52062 Aachen
M. HÜNERBEIN OHG
Markt 11–15
Tel.: 0241 / 33921
Fax: 0241 / 28013
EUROTRAIN®

53111 Bonn
MODELLBAHNSTATION BONN
Römerstr. 23
Tel.: 0228 / 637420
FH EUROTRAIN®

58135 Hagen-Haspe
LOKSCHUPPEN HAGEN HASPE
Vogelsanger Str. 36-40
Tel.: 02331 / 404453 Fax: 02331 / 404451
www.lokschuppenhagenhaspe.de
office@lokschuppenhagenhaspe.de
FH/RW

63110 Rodgau
MODELL + TECHNIK Ute Goetzke
Untere Marktstr. 15
Tel.: 06106 / 74291 • Fax: 06106 / 779137
info@mut-goetzke.de
FH

63654 Büdingen
MODELL & TECHNIK RAINER MÄSER
Berliner Str. 4
Tel.: 06042 / 3930
Fax: 06042 / 1628
FH EUROTRAIN®

67071 Ludwigshafen-Oggersh.
SPIELWAREN WERST
Schillerstraße 3
Tel.: 0621 / 682474
Fax: 0621 / 684615
www.werst.de • werst@werst.de
FH/RW

67146 Deidesheim
moba-tech der modelleisenbahnladen
Bahnhofstr. 3
Tel.: 06326 / 7013171 • Fax: 06326 / 7013169
www.moba-tech.de • info@moba-tech.de
FH/RW

67655 Kaiserslautern
DiBa-MODELLBAHNEN
Königstr. 20-22
Tel./Fax: 0631 / 61880
geschaeft@diba-modellbahnen.de
FH/RW EUROTRAIN®

69214 Eppelheim/Heidelberg
MODELLBAHN SCHUHMANN
Schützen-/Ecke Richard-Wagner-Str.
Tel.: 06221 / 76 38 86
Fax: 06221 / 768700
www.Modellbahn-Schuhmann.de
FH/RW EUROTRAIN®

70180 Stuttgart
SUCH & FIND
An- + Verkauf von Modellbahnen
Mozartstr. 38
Tel. + Fax: 0711 / 6071011
www.suchundfind-stuttgart.de
A

71334 Waiblingen
EISENBAHNTREFFPUNKT Schweickhardt GmbH & Co. KG
Biegelwiesenstr. 31
Tel.: 07151/937931 • Fax: 07151/34076
ets@modelleisenbahn.com
FH/RW/A/B EUROTRAIN®

71638 Ludwigsburg
ZINTHÄFNER Spiel – Freizeit
Solitudestr. 40
Tel.: 07141 / 925611
FH

71720 Oberstenfeld
SYSTEM COM 99 Modellbahn-Zentrum-Bottwartal
Schulstr. 46
Tel.: 07062 / 9788811
www.Modellbahn-Zentrum-Bottwartal.de
FH/RW

73431 Aalen
MODELLBAU SCHAUFFELE
Wilhelm-Merz-Str. 18
Tel.: 07361/32566
Fax: 07361/36889
www.schauffele-modellbau.de
FH/RW/Märklin Shop in Shop

75339 Höfen
DIETZ MODELLBAHNTECHNIK + ELEKTRONIK
Hindenburgstr. 31
Tel.: 07081 / 6757
www.d-i-e-t-z.de • info@d-i-e-t-z.de
FH/RW/H

77948 Friesenheim **Blaulichtmodelle FEUER1.de** Schwalbenweg 2 Tel.: 07821 / 997844 • Fax 07821 / 997845 www.feuer1.de • info@feuer1.de **FH**	**85567 Grafing** **ZÜGE & ZUBEHÖR Trains & Accessoires** Inh. Steffen Schmidt Bahnhofstr. 9 • Tel.: 08092 / 85194-25 www.zuz-modellbahn.com **FH/RW/H/A**	**Diese Anzeige kostet nur € 13,– pro Ausgabe** **Infos unter Tel.: 081 41/5 34 81-153** **Fax: 081 41/5 34 81-150** **e-mail: anzeigen@vgbahn.de**	**97070 Würzburg** **ZIEGLER MODELLTECHNIK** Textor Str. 9 Tel.: 0931 / 573691 www.modelltechnik-ziegler.de **FH/RW EUROTRAIN**
82110 Germering **AUTO-MODELLLBAHN-WELT Germering Linden GbR** Untere Bahnhofstr. 50 Tel.: 089 / 89410120 Fax: 089 / 89410121 **FH/RW/H**	**86199 Augsburg** **AUGSBURGER LOKSCHUPPEN GMBH** Gögginger Str. 110 Tel.: 0821 / 571030 • Fax: 0821 / 571045 www.augsburger-lokschuppen.de **FH/RW**	**94161 Ruderting bei Passau** **MODELLBAHNHAUS Rocktäschel GdbR** Attenberg 1 Tel.: 08509 / 2036 Fax: • 08509 / 3819 www.modellbahn-rocktaeschel.de • rockt@t-online.de **FH/RW/A EUROTRAIN**	**99830 Treffurt** **LOK-DOC MICHAEL WEVERING** Friedrich-Ebert-Str. 38 Tel.: 036923 / 50202 • 0173 / 2411646 www.lok-doc-wevering.de simiwe@t-online.de **RW**
83352 Altenmarkt/Alz **MODELL-EISENBAHNEN B. Maier** Hauptstr. 27 Tel.: 08621 / 2834 Fax: 08621 / 7108 **FH/RW EUROTRAIN**	**90419 Nürnberg** **RITZER MODELLBAHN Inh. Knoch** Kirchenweg 16 Tel.: 0911 / 346507 • Fax: 0911 / 342756 www.modellbahnritzer.de **FH/RW/A/B EUROTRAIN**	**94474 Vilshofen an der Donau** **GIERSTER Fa. Gierster-Wittmann oHG** Vilsvorstadt 11, 13, 15 Tel.: 08541 / 3979 • Fax: 08541 / 6753 modellbahn@gierster.de **FH/RW EUROTRAIN**	**Schweiz**
84307 Eggenfelden **MODELLBAHNEN VON A BIS Z Roland Steckermaier** Landshuter Str. 16 • Tel.: 08721 / 910550 www.steckermaier.de steckermaier@steckermaier.de **FH/RW EUROTRAIN**	**90478 Nürnberg** **MODELLBAHN Helmut Sigmund** Schweiggerstr. 5 Tel.: 0911 / 464927 **EUROTRAIN**	**95676 Wiesau** **MODELLBAHN PÜRNER** Südweg 1 Tel.: 09634 / 3830 • Fax: 09634 / 3988 www.puerner.de modellbahn@puerner.de **FH**	**CH-8712 Stäfa** **OLD PULLMAN AG** P.O.Box 326 / Dorfstr. 2 Tel.: 0041 / 44 / 9261455 Fax: 0041 / 44 / 9264336 www.oldpullman.ch • info@oldpullman.ch **FH/H**

Die weltberühmte Hamburger Modellbahn-Traumwelt

Edition 2018: Miniatur Wunderland

Unser neuer Film über das heutige Miniatur Wunderland. Eine Pilgerstätte nicht nur für Modellbahnfans ist das Miniatur Wunderland in der Hamburger Speicherstadt. Hier entstand in den letzten Jahren eine der weltweit größten und schönsten Modellbahnanlagen. Es ist nur schwer zu beschreiben, mit welcher Liebe zum Detail die Macher auf rund 1500 qm Fläche tausend kleine und große Dinge geschaffen haben. Und das so wirklichkeitsnah wie möglich. Unser Film entführt Sie in diese einmalige Traumwelt im Maßstab 1:87 und zeigt vor allem auch Blicke hinter die Kulissen sowie den Bau des neuesten Italien-Teils – natürlich in der gewohnten Eisenbahn-Romantik-Qualität.

Laufzeit ca. 110 Minuten
Best.-Nr. 6442
nur € 9,95

VGB [VERLAGSGRUPPE BAHN] VGB Verlagsgruppe Bahn GmbH • Am Fohlenhof 9a • 82256 Fürstenfeldbruck
Tel. 0 81 41/5 34 8-0 • Fax 0 81 41/5 34 81 -100 • bestellung@vgbahn.de • www.riogrande.de

RIOGRANDE

www.facebook.de/vgbahn

Die Spezialisten

Sie haben wenig Platz für eine Modellbahn und suchen vorbildgerechte Stationen? Oder haben Sie eine Anlage mit reichlich Strecke und möchten hier ein wenig Abwechslung hineinbringen? In beiden Fällen werden Sie in der neuen Spezial-Ausgabe der MIBA-Redaktion fündig.

Nachdem ein Grundlagenbeitrag die kleinen, aber feinen Unterschiede zwischen Haltepunkt, Haltestelle und Bahnhof aufgezeigt hat, geht es direkt an die Planung eines kleinen Bahnhofs, der wenig Fläche beansprucht und dennoch vieles bietet. In mehreren Beiträgen stellen die MIBA-Autoren kleine Stationen vor, die ohne raumfressende Gleisanlagen auskommen, aber dennoch höchst interessante betriebliche Möglichkeiten bieten. Aufschlussreich ist eine Rückschau in die Epoche II, als sogar Haltepunkte mit Personal besetzt waren.

Ein MIBA-Spezial mit vielen konkreten umd praxiserprobten Umsetzungsvorschlägen - nicht nur für kompakte Modellbahn-Anlagen!

108 Seiten im DIN-A4-Format, Klebebindung, über 200 Abbildungen

Best.-Nr. 120 11618 | € 12,–

Weitere noch lieferbare Titel aus der Reihe MIBA-Spezial:

MIBA-Spezial 106
Planung mit Ahnung
Best.-Nr. 120 10615

MIBA-Spezial 107
Patina mit Perfektion
Best.-Nr. 120 10716

MIBA-Spezial 108
Schnittstelle Schiene – Straße
Best.-Nr. 120 10816

MIBA-Spezial 109
Arkaden, Viadukte und Portale
Best.-Nr. 120 10916

MIBA-Spezial 110
Kleine Welt – meisterlich geplant
Best.-Nr. 120 11016

MIBA-Spezial 111
Gelungene Gleise
Best.-Nr. 120 11117

MIBA-Spezial 112
Modellbahn mobil
Best.-Nr. 120 11217

MIBA-Spezial 113
Animierte Anlagen
Best.-Nr. 120 11317

MIBA-Spezial 114
Pragmatische Planung
Best.-Nr. 120 11417

MIBA-Spezial 115
Neues für Nerds
Best.-Nr. 120 11518

Jeder Band mit 108 Seiten im DIN-A4-Format und über 180 Abbildungen, je € 12,–

eBooks

VGB

Jetzt als eBook verfügbar!

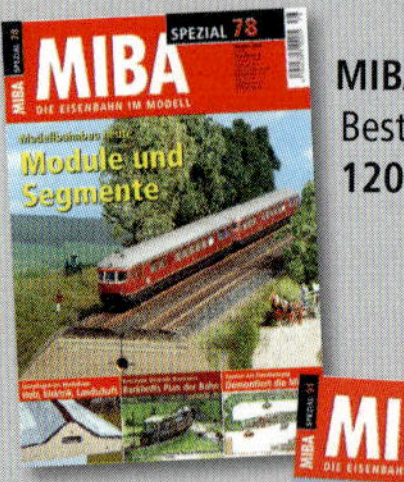

MIBA-Spezial 78
Best.-Nr.
12087808-e

MIBA-Spezial 91
Best.-Nr.
12089112-e

Je eBook € 8,99

Alle lieferbaren und auch längst vergriffenen Bände dieser Reihe gibt es als eBook unter www.vgbahn.de/ebook und als digitale Ausgaben im VGB-BAHN-Kiosk des AppStore und bei Google play für Android.

www.facebook.de/vgbahn

Erhältlich im Fach- und Zeitschriftenhandel oder direkt beim VGB-Bestellservice, Am Fohlenhof 9a, 82256 Fürstenfeldbruck, Tel. 0 81 41/5 34 81 0, Fax 0 81 41/5 34 81 -100, E-Mail bestellung@vgbahn.de, www.miba.de

MIBA
DIE EISENBAHN IM MODELL

VORSCHAU

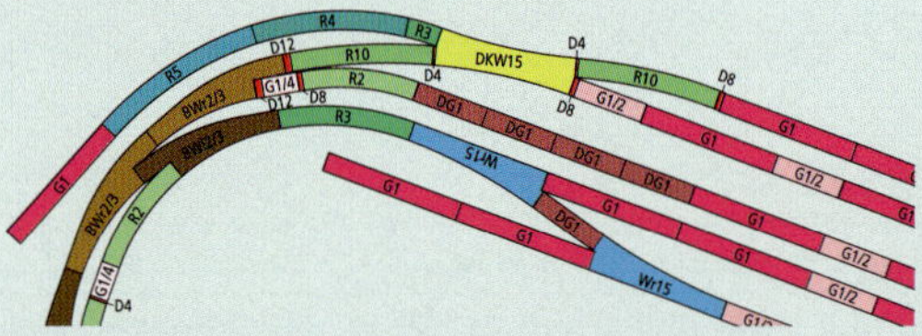

1989, im Februar-Eisenbahn-Journal, wurde das erste Mal auf das neue Gleissystem „Roco Line" hingewiesen. Horst J. Obermayer schrieb damals „Die wohl bedeutendste Messeneuheit des Jahres 1989 ist das neue Fahrweg-System Roco Line, das die überaus rührige Firma Roco in Salzburg für Modellbahnen der Nenngröße H0 geschaffen hat." Und einige Absätze später „Die neuen Gleise und Weichen von Roco Line verfügen über eine vorbildgetreue Böschung aus einem elastischen und nahezu unverwüstlichen Kunststoff." Geliefert wurde das Gleissystem dann noch im gleichen Jahr mit und ohne Böschung.

Seit 2017 wird „Roco Line mit Bettung" auf vielfachen Kundenwunsch wieder produziert, nachdem das Gleissystem lange Jahre aus lizenzrechtlichen Gründen auf die flexible Schotternachbildung verzichten musste und ausschließlich als „Roco Line o.B." im Handel war.

Die Neuauflage nehmen wir zum Anlass, ein ganzes Heft mit Roco Line Gleisplänen zu füllen und Planungs- und Anwendungstipps zum Gleissystem zu geben.

Mit CD-ROM
Gleispläne auf Datenträger dabei

„Roco Line Gleispläne" erscheint im August 2018

Eisenbahn JOURNAL

Gegründet von H. Merker
Erscheint in der Verlagsgruppe Bahn GmbH

Chefredakteur
Gerhard Zimmermann

Redaktion
Dr. Christoph Kutter, Tobias Pütz, Andreas Ritz, Bernd Keidel

Modellbau, Fotografie und Texte
Gudrun Höllerer, Olaf Fröhlich, Christian Gerecht, Klaus Oberkötter, Henk van Asten, Frank Neubauer, Jacques Timmermans, Christoph Kutter, Peter Keller, Martin Klinger, Wolfgang Wettmarshausen, Franz Fanger, Reinhard Leupold, Heinrich Reimer, Matthias Fröhlich, Markus Müller, Walter Rauffer, Andrea und Jürgen Kalvari, Alexander Wolf, Horst Kleistner, Tobias Pütz, Dietrich Matyschek, Jörg Chocholaty, Walter Rauffer, Bruno Kaiser, Dieter Matyschek, Stefan Wohlrab, Rudolf Gärtner, Hartmut Peters, Karl Gebele, Julian Parusel,

Lektorat
Eva Littek

Redaktionelle Betreuung
Tobias Pütz

Redaktionssekretariat
Tanja Baranowski (-202), Claudia Klausnitzer (-227)

Verlagsgruppe Bahn GmbH
Am Fohlenhof 9a, 82256 Fürstenfeldbruck
Tel. 0 81 41/5 34 81-0 • Fax 0 81 41/5 34 81-100

Geschäftsführung
Andreas Schoo, Ernst Rebelein, Horst Wehner

Verlagsleitung
Thomas Hilge

Anzeigenleitung
Bettina Wilgermein (Durchwahl -153)

Anzeigensatz und Anzeigenlayout
Evelyn Freimann (-152)

Vertriebsleitung
Elisabeth Menhofer (-101)

Vertrieb und Auftragsannahme
Angelika Höfer (-104), Sandra Corvin (-107), Petra Schwarzendorfer (-105)

Marketing
Thomas Schaller (-141), Karlheinz Werner (-142)

Außendienst, Messen
Christoph Kirchner, Ulrich Paul

Vertrieb Pressegrosso und Bahnhofsbuchhandel
MZV GmbH & Co. KG,
Ohmstraße 1, 85716 Unterschleißheim,
Postfach 12 32, 85702 Unterschleißheim,
Tel. 089/3 19 06-0, Fax 089/3 19 06-113

Abo-Service
FUNKE direkt GmbH & Co. KG,
Postfach 104139, 40032 Düsseldorf,
Tel. 0211/690789-985, Fax 0211/690789-70

Erscheinungsweise und Bezug
Die Modellbahn-Sonderausgaben des Eisenbahn-Journals erscheinen sechsmal jährlich. Einzelpreis € 15,00 (D), € 16,50 (A), sFr 24,80. Jahresabonnement € 81,00 (Inland), € 96,00 (Ausland); das Abonnement gilt bis auf Widerruf, es kann jederzeit gekündigt werden.

Druck
Mediengruppe Oberfranken - Druckereien GmbH & Co. KG
E.-C.-Baumann-Straße 5, 95326 Kulmbach

Haftung
Sämtliche Angaben (technische, sonstige Daten, Preise, Namen, Termine u.ä.) ohne Gewähr

3. Modellbahn-Sonderausgabe des Eisenbahn-Journals 2018
ISBN 978-3-89610-699-5